Cienciagramers

Más de 100 profesiones a las que te puedes dedicar si te gustan las Ciencias de la Naturaleza y de la Salud

Ángela Quintana Vega

Cienciagramers
Más de 100 profesiones a las que te puedes dedicar si te gustan las Ciencias de la Naturaleza y de la Salud

Primera edición: 2024

ISBN: 9788410089365
ISBN eBook: 9788410089877

A todos aquellos que no tuvieron una guía como esta para orientarles en su carrera profesional

Ángela Quintana Vega

Este libró está pensado para dar a conocer a los jóvenes todo el abanico de profesiones relacionadas con las Ciencias de la Naturaleza y de la Salud, para que puedan elegir entre todas las opciones disponibles. Se incluye también una serie de consejos que les ayudará a orientar su carrera profesional, y las respuestas a algunas dudas formuladas por estudiantes durante varias charlas impartidas sobre este tema.

CIENCIAGRAMERS

Más de 100 profesiones a las que te puedes dedicar si te gustan las Ciencias de la Naturaleza y de la Salud

ÁNGELA QUINTANA VEGA

Prólogo del Dr. Javier Cortés Castán

Ilustraciones de Ángela Rodríguez Ruiz realizadas en acuarela

1. Mariposa (*Colias croceus*)
2. Erlenmeyer
3. Fonendoscopio
4. Abeja *(Apis mellifera)*
5. Huella dactilar
6. Tomate (Fruto de *Solanum lycopersicum*)
7. Hélice de ADN
8. Cráneo de lince ibérico (*Lynx pardinus*)
9. Neurona
10. Fórmula química de la serotonina
11. Amatista
12. Fósil de amonite (*Ammonoidea*)
13. Pipeta automática de 20-200 µl
14. Bacteria (*Escherichia coli*)
15. Racimo de uvas (Fruto de *Vitis vinifera*)
16. Cápsula de gelatina dura
17. Rama de olivo (*Olea europea*)
18. Bacteriófago (*Caudoviricetes*)
19. Pintalabios
20. Seta de haya "Shimeji" (*Hypsizygus tessulatus*)
21. Flor de lirio amarillo (*Iris pseudacorus*)
22. Glóbulo rojo o eritrocito
23. Orca (*Orcinus orca*)
24. Arcoíris

Índice

Agradecimientos

Estoy profundamente agradecida por haber tenido la oportunidad de formarme como científica en el hospital Vall d'Hebrón de Barcelona, un centro asistencial y de investigación de primer nivel en nuestro país y centro de referencia mundial en el tratamiento de enfermedades. Allí he podido trabajar con profesionales excelentes, realizar proyectos de doctorado y posdoctorado muy interesantes y coordinar ensayos clínicos que han resultado en grandes avances para el tratamiento del cáncer. Pero, sobre todo, en el Vall d'Hebrón es donde he encontrado mi vocación profesional. También desde el hospital he podido realizar colaboraciones con otros centros, como la Universidad Autónoma de Barcelona, el Hospital Clínic de Barcelona o el National Institutes of Health en Bethesda (EE. UU.), donde me invitaron a pasar un año para finalizar mi posdoctorado. Los inicios en el hospital no fueron fáciles, pero he de decir que una vez que uno se adapta a la cultura y ritmo del Vall d'Hebrón, las puertas que se abren son infinitas.

Este libro está dedicado a todos los profesionales que han tenido y tienen un papel muy importante en mi recorrido profesional: Javier Cortés Castán, Leticia de Mattos Arruda, Assia Derfoul, Anita Grigoriadis, Andrew Mammen, Mercè Martí Ripoll, Maribel Martínez Yepes, Teresa Moliné Marimón, Francisco Mota Villaplana, Eva Muñoz Couselo, Susana Muñoz Tabernero, Albert Selva O'Callaghan, Vicente Peg Cámara, Iago Pinal Fernández, Álex Sierra Oliva y Esther Zamora Adelantado. Quiero dar un agradecimiento especial a mis compañeros coordinadores, gestores de datos, médicos, enfermeros de ensayos y personal administrativo del hospital y a todos los que, de una u otra forma, me acompañasteis durante todos esos años.

Quiero también dedicar este libro y agradecer a mis compañeros del blog *(Des)coordinando un ensayo clínico*, y en especial a Sergio Cano Olivar, por haberme iniciado en la divulgación científica y difundir mis artículos, que tanto disfruto escribiendo.

Y a AstraZeneca, donde sigo desarrollándome tanto personal como profesionalmente en la investigación clínica.

Ángela Quintana Vega

Prólogo

Permítame el lector empezar este breve prólogo parafraseando a uno de los mayores genios del siglo xx, Steve Jobs: «Sé un punto de referencia de calidad. Algunas personas no están acostumbradas a un ambiente donde la excelencia es aceptada». Qué palabras tan sabias y qué verdad tan grande encierran estas dos simples frases. Y es en ellas donde veo a Ángela Quintana, perdón, a la Dra. Ángela Quintana.

Tuve la suerte de coincidir con Ángela hace ya más de ocho años, cuando ella empezó a trabajar en el Hospital Vall d'Hebron de Barcelona. Por aquel entonces, yo acababa de dejar mi puesto en el hospital como jefe de la Unidad de Cáncer de Mama y Melanoma del Servicio de Oncología, pasando a ser investigador asociado en la unidad, ya que iba a comenzar un nuevo proyecto en el Hospital Ramón y Cajal de Madrid. Un día, en una de mis visitas al Vall d'Hebron para asistir a una reunión de un ensayo clínico del cual todavía era el investigador principal, conocí a Ángela, la coordinadora del estudio. Unos meses después me contactó de nuevo y me dijo: «Me gustaría hacer la tesis doctoral relacionada con los ensayos que llevo en la unidad». Yo, por aquel entonces, no daba crédito a lo que oía: era la primera vez que una coordinadora de estudios me pedía hacer la tesis doctoral. Su empeño y determinación, su energía y empuje la llevaron a trabajar en sus ratos libres con el Dr. Vicente Peg, un patólogo como pocos. Y, como no podía ser de otra forma, se doctoró con brillantez.

Pero no era suficiente. Ángela necesitaba más; necesitaba volar, explorar, conocer y, finalmente, terminó en la industria farmacéutica haciendo investigación clínica, por supuesto previo paso por prestigiosos laboratorios de investigación en Estados Unidos para completar su posdoctorado. Volvía a ayudar a los pacientes, esta vez desde el otro lado; desde el diseño, desde la creatividad, desde el inicio de la investigación clínica.

¿Cómo es posible, se preguntará el lector, que una bioquímica haya pasado por tantos puestos de trabajo? Porque eso es la vida. La vida es variabilidad, es inconformismo, es búsqueda de oportunidades. Pero, sobre todo, es la búsqueda de la excelencia. Y, por eso, Ángela, la Dra. Quintana, se propuso escribir este libro. Ángela ha escrito mucho. En parte, creo que le gusta. Aunque también creo que quiere ayudar. Ayudar a las personas a buscar su vocación, la que le costó encontrar a ella. Esa vocación que muchas veces no sabemos ver cuando empezamos en la universidad. Un día, creo recordar de invierno, Ángela me dijo: «Voy a escribir un libro para explicar todas las oportunidades que puede tener un estudiante de ciencias, relacionadas con la naturaleza y la salud». Yo me la quedé mirando y pensé para mis adentros: «Más gente así se necesita en el mundo; personas con energía, con determinación, con ilusión». Y ahora, tras años de infatigable trabajo, tras recorrer el mundo, Ángela me sorprende con una obra literaria que servirá de manual a decenas de miles de estudiantes de muchos lugares.

Con este libro, el lector entrará en el fascinante mundo laboral, conocerá las múltiples oportunidades que se abren y, sobre todo, experimentará una fuerza desconocedora para la mayoría de las personas. Salidas profesionales todas ellas, nuevas oportunidades muchas veces desconocidas, que Ángela nos da a conocer de una manera rigurosa y meticulosa.

No quiero extenderme más, así que dejo que sea el lector quien pueda juzgar la valía de esta obra. Yo solo puedo decir gracias. Gracias, Ángela, por tu valentía, gracias por tu liderazgo, gracias por tu generosidad, pero, sobre todo ¡gracias por tu amistad!

¡Gracias, doctora!

Dr. Javier Cortés Castán

Prefacio

Cuando elegimos un trabajo, no solo estamos decidiendo a qué dedicar, al menos, un tercio de nuestra vida. Estamos eligiendo también a qué queremos dedicar nuestro talento, nuestros pensamientos, nuestro aporte a la sociedad. Elegimos también en qué ciudades es probable que tengamos que vivir, las expectativas salariales, el tipo de problemas a los que nos vamos a enfrentar e, incluso, la identidad que construiremos en torno a nuestro trabajo.

Por eso es tan importante y tan complicado elegir bien la profesión a la que nos vamos a dedicar.

Cuando eres joven, es difícil tener claro lo que a uno le gusta y, por tanto, puede resultar complicado saber qué estudiar y qué profesión desempeñar en el futuro. Esta decisión es aún más difícil cuando ni siquiera se conocen todos los puestos de trabajo que hay en un campo determinado. Trabajos de los que nunca habías oído hablar o que ni siquiera existían hace tan solo unos años.

Y esto no solo ocurre con la gente joven, muchas personas se encuentran con que quieren realizar un cambio profesional, pero no saben muy bien qué otros trabajos podrían realizar.

Yo también estuve en esa situación. Desde siempre me han apasionado las ciencias, especialmente la química y la biología. Desafortunadamente, en mi etapa de estudiante, nadie me habló adecuadamente sobre las diferentes salidas laborales a las que se puede optar si te atraen las ciencias. Prácticamente me orientaron solo hacia la investigación básica y la actividad docente y no me abrieron los ojos hacia otras salidas profesionales igualmente válidas y necesarias en la sociedad.

Por desgracia, hoy en día sigue existiendo este problema en muchos centros educativos. Solo hablan principalmente de los puestos en investigación y docencia académica, que son de los más difíciles de conseguir, principalmente, por la falta de recursos y estabilidad laboral que suele haber en muchos países. A los que no pueden acceder a ellos les puede causar mucha frustración, además de no saber qué otras opciones buscar y en qué consisten.

Como la mayoría de los compañeros, entré en el mundo laboral sin una idea muy clara de qué era lo que me iba a encontrar. Y, al igual que la mayoría, fui descubriendo lo que me gustaba a base de ir probando diferentes trabajos, tanto en la industria como en la academia: experimentación en el laboratorio, coordinación de ensayos clínicos, docencia, gestión de proyectos, investigación traslacional y redacción de artículos relacionados con la ciencia y la salud. Hasta que por fin encontré mi lugar en la industria.

Esta experiencia fue la que me llevó a escribir este libro con dos intenciones claras. La primera es orientar a los que inician su experiencia laboral o quieren cambiar de trabajo y necesitan saber qué aspectos hay que tener en cuenta a la hora de elegir una profesión. La segunda es generar interés sobre distintas carreras científicas y sanitarias, mostrando todo el abanico de puestos de trabajo disponibles en la actualidad.

He señalado cuáles son las actividades diarias, las cualidades requeridas y los diferentes caminos más comunes para poder acceder a cada puesto de trabajo de una manera más o menos extensa, sentando las bases para que, con posterioridad, cada uno pueda realizar una investigación más profunda sobre los perfiles que más le interesen.

Me he centrado en las profesiones científicas que tratan sobre las ciencias de la vida, la naturaleza y la salud, es decir, que trabajan con seres vivos, compuestos biológicos, químicos, microorganismos y virus, para el estudio de ellos o para la mejora de su salud. En esta línea, no he incluido profesiones científicas relacionadas con la física (a no ser que sea aplicado a las ciencias de la naturaleza o la salud), las energías renovables y no renovables, mecánica, electrónica, antropología, astronomía, matemáticas e informática no aplicada a la biología y medicina o en industrias que no sean sobre los temas descritos anteriormente.

Espero que este libro te sirva de guía para poder encontrar tu vocación.

Introducción

Muchos jóvenes y adultos desconocen la existencia de diferentes profesiones científicas que hay, más allá de trabajar en un laboratorio o dar clases en la universidad. Las profesiones sanitarias son algo más conocidas, pero, aun así, hay muchos otros puestos de trabajo de los que apenas se tiene conocimiento. Esta falta de información sobre las salidas profesionales hace que más de uno no tenga claro lo que estudiar, qué opciones tiene de cara a su futuro profesional o, simplemente, que incluso desconozca si le gusta o no la ciencia. Si se supiera de antemano a lo que uno se quiere dedicar, se sabría mejor qué caminos se deberían tomar para llegar hasta ahí.

La adolescencia es un periodo difícil para la mayoría de las personas, en cuya edad no se tienen claras muchas cosas. Es en este periodo donde la sociedad les pide que empiecen a tomar decisiones trascendentales sobre su futuro profesional, pero para poder tomar una buena decisión hay que conocer todas las opciones. Desafortunadamente, los colegios e institutos ofrecen pocas sesiones de orientación profesional y suelen abarcar solamente las profesiones más conocidas dentro del campo de la ciencia, no orientado a profesiones menos conocidas para la sociedad en general.

Numerosos adultos se encuentran también en una situación parecida cuando acaban su carrera universitaria, estudios doctorales o posdoctorales. Muchos han dedicado parte de su vida a la investigación básica, pero al cabo de un tiempo se percatan de que es muy difícil vivir de ello a largo plazo. El problema es que no saben muy bien qué otras opciones existen fuera de trabajar en el laboratorio, tanto en el mundo académico como en la industria. Lo mismo ocurre con médicos, veterinarios y otros profesionales sanitarios que quieren realizar un trabajo diferente al asistencial. Otros simplemente quieren cambiar de trabajo y no conocen otros puestos más allá de los más conocidos dentro de este mundo.

El libro se ha estructurado en tres partes. La primera consta de más de cien profesiones agrupadas en ochenta entradas, las que no es completamente necesario que las leas todas, sino elegir las que más te interesen. Para ello, he hecho primero un resumen en unas pocas líneas para que puedas hacerte una idea de en qué consisten y en qué página se encuentran. También es posible que haya profesiones que no conocieras y que tengas curiosidad por leer su descripción completa para saber más sobre ellas. Apúntalas todas en un papel para que sepas cuáles son las que vas a leer, ya que habrá algunas que descartes después de haberlas leído. Hay profesiones que las he querido agrupar en el mismo apartado, ya que están muy relacionadas, son muy parecidas o su diferencia principal es el producto que manejan. Estas las he puesto separadas por una coma en el encabezado (por ejemplo, «Auditor, Inspector» o «Editor, Revisor»), para diferenciarlas de otro nombre que se puede usar para la misma profesión, en cuyo caso las he separado por una barra (por ejemplo, «Investigador/Científico», «Óptico/Optometrista»). Por otro lado, he querido dar el nombre de los puestos de trabajo tanto en español como en inglés, ya que, en ciertas profesiones, como por ejemplo MSL, normalmente se usa el nombre en inglés en la mayoría de los países y su traducción al español apenas se utiliza. Estos puestos de trabajo puede que estén publicados también con otros rangos dentro de esa categoría, porque simplemente unos los llaman de una manera diferente: auxiliar, asistente, técnico, asociado, oficial, especialista, experto, gestor, gerente, jefe, supervisor, líder, ejecutivo, subdirector, director, vicepresidente, presidente.

En la segunda parte del libro se da una serie de consejos para identificar las posibles salidas profesionales que pueden encajar con tu personalidad, talentos, intereses, situación familiar y económica, oportunidades, etc. En esta parte se proporcionan, además, dos tablas donde se han incluido preguntas para ayudar al lector a concretar mejor los diferentes puntos.

En la tercera parte del libro se han recogido dudas y preguntas que han realizado estudiantes de bachillerato, universidad y máster en las diferentes charlas que mis compañeros de *(Des)coordinando un ensayo clínico* y yo hemos impartido en varias ciudades de España, que pueden ayudar a resolver algunas dudas de los lectores. Las charlas eran principalmente sobre puestos de ensayos clínicos, pero también nos han hecho preguntas generales sobre las salidas de las diferentes carreras científicas y sanitarias.

Y, por último, me gustaría proporcionar algunas aclaraciones de cómo se ha escrito este libro. Para designar a los profesionales, siguiendo la norma de la Real Academia Española, se ha utilizado el nombre en masculino, ya que es el que se emplea para designar la clase, es decir, a todos los individuos, sin distinción de sexos. Esto puede resultar chocante al leer profesiones donde es conocido por todos que hay un porcentaje muy alto de mujeres, como sería la de enfermera o coordinadora de ensayos clínicos. Pero, por otro lado, también quedaría extraño si, en el libro, algunas profesiones se pusieran en femenino y otras en masculino. Para mitigar esta posible percepción de masculinidad, se han puesto ejemplos de profesionales conocidos, tanto hombres como mujeres en muchas profesiones a lo largo del libro.

En el mundo científico, y especialmente en el de la salud, existen numerosos acrónimos que son muy conocidos por los profesionales del sector y que son los que normalmente se usan cuando uno se refiere a ellos. Se ha proporcionado al final del libro un listado con todos los acrónimos que se han utilizado en el libro y su significado. Para facilitar la fluidez en la lectura, y porque lo más probable es que los lectores no se lean todas las profesiones, no siempre se menciona su significado en la primera vez que aparece en el texto como marca la norma APA, ya que se considera el apartado de cada profesión como algo unitario. También se proporcionan al final del libro las páginas visitadas durante la investigación de las diferentes profesiones, por si el lector quisiera visitarlas.

Perfiles profesionales

Resumen perfiles profesionales

Recuerda:

- Profesiones separadas por una coma: profesiones relacionadas, muy parecidas o su diferencia principal es el producto que manejan («Auditor, Inspector» o «Editor, Revisor»).
- Profesiones separadas por una barra: otro nombre que se puede usar para la misma profesión (por ejemplo, «Investigador/Científico», «Óptico/Optometrista»).

Academia, producción, divulgación

Los investigadores elaboran hipótesis y realizan experimentos u observaciones para demostrarlos, analizando los datos e interpretando los resultados. Pueden investigar sobre cualquier tema, muchos lo hacen sobre enfermedades humanas, pero también sobre biología molecular, genética, virología, microbiología, ciencias ambientales, botánica, etc.

Los técnicos de laboratorio ponen a punto protocolos experimentales y técnicas de laboratorio, realizan experimentos pautados por los investigadores y ayudan a los doctorandos y posdoctorandos en sus proyectos.

Los gestores de laboratorio se encargan de gestionar al personal, de supervisar los proyectos de investigación y de llevar un control de los presupuestos, los aparatos, los materiales y reactivos del laboratorio.

Los científicos de desarrollo aplican los descubrimientos realizados por científicos básicos para la materialización en un producto comercializable o mejoran productos y procesos, normalmente en una empresa.

Los ingenieros y científicos de bioprocesos trabajan en la fabricación de productos que están sintetizados por seres vivos, como los fármacos biológicos, vino, cerveza, biofuel o biocatalizadores.

Los ingenieros de bioprocesos se dedican al diseño de la maquinaria de producción y de los procesos que ocurren en cada paso para la producción a gran escala.

Los científicos de bioprocesos se encargan de supervisar en el día a día la producción de estos productos y de que se realicen los controles en cada punto de la cadena.

Los ingenieros químicos y químicos industriales trabajan para la producción de compuestos químicos a gran escala que requieran reacciones químicas, procesos físicos, mezclas de compuestos y/o procesamiento de material orgánico, como la síntesis de fármacos de molécula pequeña, tintes, pinturas, productos de limpieza, fertilizantes, petróleo, plásticos, vidrio, etc.

Los ingenieros químicos se encargan del diseño, mantenimiento y operación de equipos de la cadena de producción química en los diferentes pasos necesarios para la fabricación de nuevos productos, así como de solucionar problemas que vayan surgiendo con los tanques de reacción o de mezclas.

Los químicos industriales colaboran en el proceso de diseño de la cadena y escalada de un nuevo producto. En su día a día, están supervisando el proceso de producción, especialmente las reacciones químicas, trabajando muy de cerca con los operarios de la fábrica.

7. **Técnico de producción, Jefe de producción –** *Manufacturing Technician/Manufacturing Associate, Manufacturing Manager/Production Supervisor* *73*
El técnico de manufactura trabaja en empresas donde se fabrican o procesan productos derivados de seres vivos o por la síntesis química en las diferentes industrias: farmacéutica, química, alimentaria, cosmética, etc.

El jefe de producción lleva el control de producción de la fábrica, de las materias primas que se necesitan, de cuánto producto hay que fabricar y para cuándo, etc.

8. **Gerente de control de calidad, Gerente de garantía de la calidad, Analista/Técnico de control de calidad –** *Quality Control (QC) Manager, Quality Assurance (QA) Manager, Analyst/QC Technician* *77*
El gerente de control de calidad se encarga de preparar los protocolos para inspeccionar los productos y comprobar que estén bien fabricados según la calidad que se busca y las leyes que apliquen.

El gerente de garantía de calidad revisa todo el proceso de fabricación del producto para asegurarse de que se están cumpliendo según lo planeado y según las normas de calidad.

El analista o técnico de control de calidad inspecciona los diferentes productos que la empresa fabrica siguiendo los PNT internos para comprobar que funciona y cumple con las especificaciones

Los bioinformáticos recopilan, ordenan y analizan experimentos que han generado gran cantidad de datos y/o de gran complejidad, principalmente los de secuenciación genética de última generación.

Los biólogos computacionales se encargan del descubrimiento de nuevos fármacos, dianas terapéuticas, rutas metabólicas o procesos biológicos usando modelos matemáticos a través de la computación.

Los estadistas analizan los datos de diversas fuentes como experimentos, fenómenos meteorológicos, estudios observacionales, epidemiológicos o ensayos clínicos, para obtener los resultados de diferentes análisis para que el equipo con el que trabajan pueda sacar conclusiones. Presentan los resultados mediante tablas, gráficas o listados en publicaciones científicas, médicas, documentos regulatorios o para la divulgación a un público general.

El científico de datos se encarga de recoger datos de diferentes fuentes para que se puedan hacer varios tipos de análisis y visualizaciones. Combinan diferentes habilidades como programación, estadística y, a menudo, conocimientos específicos del tema (medicina, biología, etc.).

El analista de datos tiene un papel crucial en la interpretación, análisis y visualización de datos para ayudar a las empresas a tomar decisiones informadas. Crean informes con gráficos y tablas que resumen los hallazgos para que se puedan entender mejor.

Los epidemiólogos investigan la distribución, la frecuencia, los patrones y las causas de las enfermedades, para reducir el riesgo y la aparición de resultados sanitarios que son perjudiciales para las personas.

El profesor de ciencias de un colegio o instituto se encarga de la educación científica básica de adolescentes y jóvenes antes de que pasen a la educación superior o al mundo laboral.

Los profesores de formación profesional o de ciclos formativos de grado medio y superior preparan a los alumnos para que sean profesionales cualificados en materias científicas y sanitarias de profesiones que requieren unas habilidades y conocimientos prácticos, para que puedan incorporarse al mundo laboral o para continuar su educación en niveles superiores.

Los profesores de universidad y de másteres se dedican a formar a personas para que puedan ejercer una profesión científica o sanitaria en el futuro.

Los catedráticos de universidad son profesores con el título de doctor que llevan varios años en la universidad y que han pasado una prueba selectiva para obtener este título. Son máximos referentes en su especialidad científica o médica.

El orientador laboral científico se dedica a guiar a las personas sobre las diferentes salidas profesionales relacionadas con las ciencias de la naturaleza y de la salud.

Los ilustradores científicos realizan las ilustraciones para apoyar la descripción de un texto científico (fisiología, hipótesis, procesos, etc.), que pueden estar en libros, artículos de revistas científicas y no científicas, páginas web, guías, presentaciones o exhibiciones.

Los editores, en el contexto de este libro, son los responsables de las editoriales de publicaciones con contenido científico y clínico.

Los fotógrafos, en el contexto de este libro, trabajan para editoriales de revistas y libros, museos, zoos, jardines botánicos, empresas o como *freelancers*, que se dedican principalmente a la divulgación de la vida salvaje, las plantas, la naturaleza y la ciencia.

Los presentadores de documentales son los profesionales que graban y presentan los reportajes, pasando muchas horas al aire libre estudiando los comportamientos de los animales, los procesos de las plantas y la evolución de fenómenos atmosféricos, entre otras cosas. También realizan documentales sobre la vida de científicos o médicos, la historia del descubrimiento de un fármaco o el desarrollo de una nueva tecnología científica.

Los productores son personas muy interesadas en la divulgación de la ciencia y de la naturaleza, que participan en el guion de los documentales y asumen el peso económico de los documentales.

20. Divulgador científico –
Scientific Communicator/Scientific Disseminator.... 112

El divulgador científico explica conceptos científicos de manera sencilla al público en general, a través de la simplificación y el uso de metáforas, analogías y ejemplos. El modo de hacer divulgación puede ser muy variado: charlas, entrevistas, reportajes, documentales, vídeos de YouTube, artículos, juegos, obras de teatro, monólogos, webs/blogs, ferias de la ciencia, etc.

Ensayos clínicos, industria

21. Gestor de muestras – Sample Manager................. 115

El gestor de muestras se encarga, principalmente, de la recepción, organización, registro, almacenamiento y eliminación de muestras biológicas, y trabaja tanto en hospitales como empresas.

22. Gestor de datos/Gestor de entrada de datos –
Data Manager (DM)/Data Entry (DE) 118

El gestor de datos se dedica a la gestión de datos que se generan en los ensayos clínicos, estudios observacionales y proyectos de investigación. Trabajan tanto en la industria como en hospitales y algunos también en la universidad.

El coordinador de ensayos clínicos trabaja en los ensayos clínicos que se llevan a cabo en los hospitales, encargándose de la programación de las visitas, pruebas y tratamientos, reporte de los efectos adversos serios, gestión de la documentación y el acompañamiento emocional del paciente a lo largo del ensayo.

El monitor de ensayos trabaja principalmente en la industria y CRO para monitorizar ensayos clínicos, por lo que, en general, viaja bastante para ir a los diferentes hospitales asignados. Cuando está allí, revisa la historia médica, las pruebas realizadas y si el equipo médico está siguiendo el protocolo. Una vez acabada la visita, hace la carta de seguimiento, que es el informe con lo revisado, las desviaciones al protocolo identificadas y las tareas pendientes.

El asistente de ensayos clínicos se encarga de ayudar a los gestores de proyectos en la solicitud de la aprobación del ensayo clínico a las agencias reguladoras y a los comités de ética de su país y de la preparación de la documentación y de diferentes materiales para enviar a los hospitales y que así puedan comenzar el ensayo.

25. Gerente de ensayos clínicos, Gestor del estudio, Líder del estudio –
Clinical Research Manager (CRM), Clinical Trial Manager (CTM)/Clinical Trial Lead (CTL), Study Lead

El gerente de ensayos clínicos trabaja en la industria farmacéutica para implantar el plan de monitorización del ensayo en su país, repartir y revisar la carga de trabajo de los monitores, contratar a nuevos monitores y establecer relaciones con los investigadores, entre otras cosas.

El gestor del estudio coordina y hace seguimiento para que se lleven a cabo correctamente los procedimientos del ensayo clínico de una región y está en constante comunicación con el equipo global para las enmiendas, los cortes de datos, etc.

La líder del estudio coordina a todas las personas del equipo global que se encargan de una parte del ensayo clínico: gestor de muestras, gestor de imágenes, gestor de datos, estadista, equipo clínico, equipo de seguridad y gestor de la medicación, principalmente.

26. Redactor médico/Redactor científico –
Medical Writer/Scientific Writer

El redactor médico o científico asiste a la redacción de documentos que se utilizan para la gestión de la investigación (documentos regulatorios), para la divulgación de resultados médicos y científicos a un público general y para publicar experimentos, ensayos clínicos y estudios de otro tipo, como los observacionales o epidemiológicos, en revistas científicas.

27. Auditor, Inspector – *Auditor, Inspector* *135*

Los auditores e inspectores son los profesionales que van a auditar o inspeccionar un centro de trabajo (hospital, fábrica de una empresa farmacéutica, de alimentos, etc.), para valorar si están realizando sus actividades según marca la ley y las normas ISO internacionales. Los auditores trabajan para una empresa y los inspectores para ministerios del Gobierno o una agencia regulatoria.

28. Gestor de proyectos – *Project Manager* *138*

El gestor de proyectos hace el seguimiento para velar por que el equipo realice las actividades necesarias para llevar a cabo un proyecto de principio a fin en los plazos previstos y ajustándose al presupuesto que se ha marcado en el inicio del proyecto. Trabaja en hospitales, empresas, universidades o centros de investigación.

29. Especialista de instrumentación/ Ingeniero de aplicaciones – *Instrumentation Specialist/ Field Application Scientist* *141*

El especialista en instrumentación se encarga de hacer la formación a los clientes que han comprado máquinas complejas de diagnóstico que pueden analizar un gran volumen de muestras, máquinas de investigación, aparatos médicos, aparatos de investigación o robots de gestión, así como de las reparaciones, dudas o actualizaciones de la plataforma que vayan surgiendo después de la adquisición.

30. Científico de soluciones digitales para la salud – *Digital Health Scientist* *144*

Los científicos de soluciones digitales para la salud transfieren una idea sobre la salud en un sistema o programa digital que se usa a través de un ordenador o dispositivo electrónico, gracias a los conocimientos que tienen sobre sanidad, enfermedades, investigación, gestión de datos, gestión de documentación, computación y tecnología.

31. Gerente de medicina personalizada/ Gerente de medicina de precisión – *Personalized Medicine Manager/ Precision Medicine Manager* *147*

Los gerentes de medicina personalizada o de precisión trabajan en la industria farmacéutica y biotecnológica para implementar pruebas de diagnóstico de biomarcadores conocidos (ya aprobados o para uso en investigación) en los ensayos clínicos.

32. Gerente de asuntos médicos, Enlace de ciencias médicas – *Medical Affairs Manager, Medical Science Liaison (MSL)* *150*

El gerente de asuntos médicos y el enlace de ciencias médicas (conocido como MSL) se encargan de mantener una estrecha relación con los médicos más destacados de la patología por su excelencia asistencial y/o investigadora, para ser su punto de referencia en cuestiones científicas sobre uno o varios fármacos de su empresa. Los gerentes de asuntos médicos establecen el régimen de visitas a los médicos y los MSL son los que realizan esas visitas.

33. Gerente de producto, Gerente de *marketing* – *Product Manager, Marketing Manager* *154*

El gerente de producto trabaja en la industria gestionando la imagen y la estrategia comercial de un producto, para poder posicionarlo lo mejor posible entre los competidores, si los hubiera. Existe el gerente de producto global y el gerente de producto local de un país o países en concreto, en donde a este último se le llama también gerente de *marketing*.

Los gestores de producto global preparan su plan estratégico, estableciendo qué actividades se van a realizar internacionalmente y cómo se va a conseguir la aceptación del producto, teniendo en cuenta la competencia que hay y habrá en el momento del lanzamiento. Eligen el nombre del producto y colaboran en la creación de la marca.

Los gerentes de producto locales o gerentes de *marketing* eligen los materiales y preparan las actividades concretas que se realizarán en su país para promocionar el producto.

34. Representante de ventas/Visitador médico, Gestor de cuentas clave – *Sales Representative (Sales rep.), Key Account Manager (KAM)* *157*

El representante de ventas se encarga de visitar a diferentes profesionales para la promoción y venta de medicamentos, aparatos médicos, de diagnóstico, productos sanitarios, reactivos y máquinas para la investigación de profesionales sanitarios y científicos.

El gestor de cuentas clave es el representante de ventas que se dedica a un centro o unos pocos centros donde hay clientes muy importantes de la empresa para la que trabaja.

35. Especialista de asuntos regulatorios/ Gerente de registros – *Regulatory Affairs Specialist* *160*

Los especialistas en asuntos regulatorios conocen muy bien las leyes que aplican a los productos que tienen asignados y saben cuáles son los pasos necesarios para conseguir que el producto salga al mercado. Muchos de ellos trabajan con medicamentos, vacunas, aparatos médicos o pruebas de diagnóstico, pero también los hay en alimentos y bebidas, cosméticos, productos químicos, etc.

36. Especialista de acceso de mercado, Gestor de asuntos corporativos/de gobierno – *Market Access Specialist, Corporate/ Government Affairs Manager* *164*

Los especialistas de acceso al mercado trabajan principalmente en la industria farmacéutica para definir la estrategia de la comercialización del fármaco en un país o países en concreto, ya que las compañías tienen que pactar con los gobiernos de cada país el precio que se va a dar al fármaco, cómo se van a hacer los pagos, etc.

Los gestores de asuntos corporativos o de gobierno se dedican a las relaciones institucionales con las autoridades competentes para la cobertura sanitaria de medicamentos, las campañas de vacunación, etc.

37. Gerente en farmacoeconomía – *Health Economics and Outcomes Research (HEOR) Manager* *166*

El gerente de farmacoeconomía se encarga de hacer la valoración de una intervención sanitaria (fármacos, vacunas, etc.), para conocer su eficiencia mediante diferentes análisis, como del coste-beneficio, coste-efectividad, coste-utilidad, minimización de costes y relación coste-enfermedad.

38. Monitor médico – *Medical Monitor* *169*

El monitor médico es el responsable clínico del ensayo desde su planificación hasta el análisis final y cierre del estudio: escribe el protocolo, prepara el cuaderno de recogida de datos y otros documentos necesarios, responde a dudas de los médicos durante el desarrollo del estudio y revisa la base de datos para la preparación del análisis, entre otras cosas.

39. Gerente de seguridad farmacológica, Especialista de farmacovigilancia – *Safety Manager, Pharmacovigilance Specialist..... 172*

Los gerentes de seguridad farmacológica revisan, recogen y presentan los datos de seguridad de un medicamento que está en desarrollo clínico a las diferentes partes interesadas. Los datos de seguridad se presentan regularmente a las autoridades regulatorias y a los centros participantes de los ensayos.

Los especialistas en farmacovigilancia se encargan del seguimiento de los efectos secundarios de los fármacos que ya están comercializados.

40. Gerente de operaciones – *Operations Manager 175*

Los gerentes de operaciones implementan de principio a fin la actividad principal de la empresa, que puede ser, por ejemplo, el desarrollo de un nuevo producto, un plan estratégico, un proyecto de sostenibilidad o un ensayo clínico, y durante su desarrollo garantizan que todas las operaciones se llevan a cabo de un modo apropiado según los tiempos, los presupuestos establecidos y la normativa vigente.

Negocio, innovación, patentes

Los gerentes de inteligencia competitiva recopilan y analizan la información disponible de los competidores para distribuirla internamente si trabajan en una empresa o venderla a empresas interesadas si trabajan para una consultoría. Para ello, asisten a congresos, simposios y charlas y revisan publicaciones, comunicados de prensa, redes sociales y solicitudes de aprobación.

El gerente de transferencia tecnológica hace de puente entre los descubrimientos e ideas científicas de centros de investigación y la industria farmacéutica y biotecnológica, para poder establecer una colaboración o la venta de la patente del descubrimiento de los científicos y clínicos de su centro.

Los gerentes de desarrollo de negocio trabajan en empresas ayudando a expandir el negocio y obtener más ganancias por medio de la compra de parte o la totalidad de una empresa, colaboraciones, alianzas, licencias o compra de patentes.

Los analistas de investigación de acciones realizan investigaciones sobre empresas farmacéuticas, biotecnológicas, aparatos médicos, de diagnóstico, aparatos y kits de investigación, principalmente para identificar oportunidades de inversión (compra de acciones, bonos, etc.).

Los inversores trabajan en firmas de inversión (*venture capitalist*) o en grupos de *angels investors*, donde invierten dinero en *startups* relacionados con la ciencia y la salud para que estas puedan avanzar en la creación de la empresa y en el desarrollo del producto. Algunos son personas que tienen otro trabajo e invierten su dinero en sus ratos libres, o simplemente se dedican a invertir dinero en diferentes empresas y viven de ello.

45. Gerente de innovación – *Innovation Manager* 189

La función del gerente de innovación es incentivar y gestionar la mejora de los productos, las tecnologías y los procesos en hospitales, universidades, organizaciones y empresas. Es decir, su trabajo es tanto el de innovar como el de fomentar y guiar la innovación en su lugar de trabajo.

46. Oficial de patentes/Examinador de patentes, Gerente de propiedad intelectual – *Patent Officer, Intellectual Property Manager* 192

Los oficiales o examinadores de patentes trabajan en las agencias regulatorias de la propiedad intelectual revisando las solicitudes de patentes que, en el contexto de este libro, son aquellas relacionadas con las ciencias naturales y de la salud.

El gerente de propiedad intelectual trabaja en empresas, universidades y hospitales para revisar si un producto es patentable y, de ser así, que no lo haya hecho otra persona antes, para pasar después a recopilar y preparar toda la información necesaria para registrar el producto en la oficina de patentes.

Sanidad

Los gestores de salud trabajan en hospitales, geriátricos, ambulatorios, ayuntamientos y en el Gobierno. Su función es variada dependiendo del lugar de trabajo: se encarga de administrar los recursos asignados a su centro de trabajo, gestionar los espacios físicos, organizar al personal y la estructura jerárquica de la organización o tomar decisiones sobre cómo gestionar una epidemia, entre otros.

La función del médico es mejorar la salud de las personas a través de la prevención, diagnóstico y curación de enfermedades y el acompañamiento de pacientes para la mejora de su calidad de vida o para procesos de vida (embarazo, parto, muerte).

Las labores principales de los enfermeros son curar, cuidar, educar y acompañar a los pacientes desde una manera muy diversa, ya que hacen curas, administran tratamientos, extraen muestras, acompañan durante el parto o en los últimos días de vida de una persona, entre otras muchas cosas.

Los enfermeros de ensayos clínicos se encargan de realizar los procedimientos del protocolo de un ensayo clínico, como son la administración del tratamiento, extracción de muestras, realización del ECG, toma de constantes o gestión de algunos efectos secundarios, principalmente.

La labor principal de los farmacéuticos es almacenar, buscar, preparar y dispensar medicamentos, kits de diagnóstico y otros productos sanitarios y aconsejar sobre su uso a pacientes. Trabajan principalmente en farmacias a pie de calle y en farmacias hospitalarias.

El nutricionista o dietista fomenta y vela por la salud alimentaria de las personas, diseñando dietas, aconsejando ayuno o recetando preparados dietéticos, entre otros. En muchas ocasiones, educan sobre la importancia de hacer deporte y dan consejos sobre rutinas de ejercicio físico.

Los biólogos y químicos sanitarios trabajan en hospitales haciendo análisis de muestras biológicas para el diagnóstico de enfermedades, estudio de los procesos moleculares de una enfermedad, control, preparación y dispensación de radiofármacos, etc., en hospitales y clínicas privadas.

La principal función de los radiofísicos sanitarios es medir y valorar las radiaciones a las que se van a ver sometidos los pacientes en un hospital, planificando, aplicando e investigando las técnicas radiológicas para diagnosticar o como terapia para los pacientes.

Los asesores genéticos trabajan dentro del consejo genético de un hospital para asesorar, educar y guiar a pacientes y sus familias cuando se han identificado mutaciones en genes que les causan una enfermedad genética o que les aumentan el riesgo de tenerla.

54. Biólogo de reproducción humana – *Reproductive biologist* *218*

Los biólogos de reproducción humana trabajan en las clínicas de reproducción para el diagnóstico de problemas de fertilidad, preparación de los embriones para la fecundación *in vitro* (FIV) o congelación de óvulos y esperma, principalmente.

55. Óptico/Optometrista – Optometrist *221*

Los optometristas realizan principalmente un examen de la visión para el diagnóstico de un problema ocular, para que las personas puedan corregirlo. Dan consejos para mantener una buena higiene ocular y para conservar una buena visión y se encargan del mantenimiento de las diferentes máquinas ópticas.

56. Dentista/Odontólogo – *Dentist/Odontologist* 224

Los dentistas se encargan de la prevención, diagnóstico y tratamiento de enfermedades dentales y bucales, como la eliminación de las caries, limpieza bucal, extracción de muelas, corrección de la dentadura con una ortodoncia o realizar implantes, entre otras cosas.

57. Podólogo/Podiatra – *Podiatrist/Chiropodist* 227

Los podólogos son profesionales sanitarios que se dedican al diagnóstico y tratamiento de las enfermedades del pie, como uña encarnada, callosidades, juanetes, pies planos, pie de atleta, pie diabético, verrugas plantares, etc.

58. Psicólogo – *Psychologist* *229*

Los psicólogos ayudan a las personas a mejorar y promover su salud mental a través de la gestión de las emociones, estrés o ansiedad, mejora en la toma de decisiones, tratamiento de desórdenes alimentarios, resolución de traumas, de problemas o de miedos, entre otras cosas.

59. Ortopedista – *Orthopedist* *233*

Los ortopedistas ayudan a las personas a corregir o mejorar un problema físico motor. Muchos ortopedistas trabajan en establecimientos a pie de calle para asesorar y dispensar productos ortopédicos (prótesis y órtesis) y aparatos que ayuden a la mejora de la funcionalidad (muletas, plantillas, etc.).

60. Fisioterapeuta – *Physiotherapist/Physical Therapist*... 235

Los fisioterapeutas diagnostican y tratan dolencias del sistema musculoesquelético, neuromuscular y cardiovascular. En vez de utilizar fármacos, tratan las dolencias de manera holística mediante técnicas terapéuticas como el masaje, la presión, calor y frío, el ejercicio físico, la electricidad, el agua, etc.

61. Terapeuta, Terapeuta ocupacional –
   Therapist, Occupational therapist *238*

El terapeuta es aquel profesional asistencial que aplica terapias para aliviar el dolor físico, estrés, ansiedad y otros malestares de los pacientes a través de procedimientos diferentes a la administración de fármacos.

El terapeuta ocupacional ayuda a mejorar la movilidad de pacientes con patologías neurodegenerativas (párkinson, esclerosis múltiple, ictus), lesiones traumatológicas (amputaciones), reumáticas (artritis, artrosis), discapacidades congénitas (parálisis cerebral) o psicológicas para que puedan desarrollar las actividades cotidianas (alimentarse, asearse, etc.) de la manera más independiente y autónoma posible.

62. Técnico de salud/Auxiliar de salud –
Healthcare Technician/Healthcare Assistant *242*

Los técnicos y auxiliares se dedican a la atención del paciente asistiendo a diferentes profesionales en su trabajo: farmacéuticos, enfermeros, ópticos, odontólogos, podólogos, veterinarios, ortopedistas, etc. De manera general, se dedican a controlar las existencias (cantidad, fecha de caducidad, etc.), al mantenimiento técnico de las máquinas, hacer pedidos, ayudar en la atención al paciente/cliente, etc.

63. Embalsamador/Tanatopractor –
Embalmer/Thanatopractor *244*

La tarea principal del embalsamador consiste en realizar una serie de tratamientos al cadáver de una persona fallecida para ralentizar su descomposición y mejorar su apariencia cosmética, siendo esto último especialmente necesario si se va a exponer el cuerpo durante el funeral.

Plantas, medioambiente

64. Paleontólogo – *Paleontologist* *246*

Los paleontólogos estudian los fósiles para establecer relaciones filiales entre organismos extintos y los organismos vivos actuales. Con esto se consigue entender el origen común de las especies, su evolución y cuáles son las diferencias y similitudes entre diferentes grupos de seres vivos.

Los geólogos estudian el origen, evolución y estructura de la Tierra y los fenómenos naturales que acontecen sobre ella, como las formaciones de ríos, cascadas, montañas o volcanes. También cómo se han formado y qué estructura química tienen las rocas, minerales y sedimentos que hay en la tierra.

Los meteorólogos son científicos que estudian los fenómenos de la atmósfera para predecir el tiempo y también fenómenos causados por el hombre como el cambio climático, el efecto invernadero, el agujero de la capa de ozono o la contaminación.

El ambientólogo se dedica al estudio y conservación del medioambiente, donde evalúa el impacto que tienen las actividades humanas sobre la naturaleza y los animales.

Los expertos de sostenibilidad trabajan en empresas, donde identifican riesgos, evalúan el daño que puede causar la empresa al medioambiente y aconsejan a los gestores para que la actividad de la empresa sea menos dañina para el medioambiente.

Los ingenieros forestales y de montes se encargan de la gestión de las repoblaciones forestales para restablecer bosques que fueron quemados o para aumentar las hectáreas de bosque en una zona.

Los paisajistas diseñan la distribución de árboles, arbustos y flores y también otros elementos como fuentes, estanques, esculturas, bancos, etc., en un área en concreto, que puede ser jardines públicos o privados, una plaza, campos de golf, campos deportivos, parques, el exterior de empresas, terrenos de un hotel, etc.

Los técnicos de jardinería se encargan del mantenimiento de plantas en viveros o de jardines tanto públicos como privados.

Los técnicos de floristería trabajan en viveros y tiendas a pie de calle haciendo trabajos más minuciosos, como ramos de flores, coronas funerarias o arreglos florales.

Los ingenieros agrónomos buscan la optimización de la producción agrícola haciendo de mediadores entre los agricultores y los investigadores que buscan mejoras a través de, por ejemplo, ingeniería genética o con nuevos pesticidas. Buscan soluciones a las plagas, a si el cultivo no está creciendo por el pH del suelo, por una enfermedad, etc.

Los ingenieros técnicos agrícolas gestionan los equipos que se utilizan para la siembra, el riego, el drenaje, el mantenimiento de la humedad y temperatura, la recogida de los cultivos, frutos, etc. Se encargan de la instalación, reparación y mantenimiento de equipos.

El enólogo es el responsable de supervisar la elaboración del vino en su conjunto y tomar decisiones en cada paso que hay en él, como la elección del tipo de uva y de tierra a cultivar en el viñedo, uso de pesticidas, fertilizantes, proceso de prensado, de fermentación, etc.

Animales, museos

El técnico de ganadería y avicultura diseña y gestiona granjas para albergar un gran número de mamíferos y/o aves para la producción de carne, piel, plumas o de algún subproducto, como la leche o los huevos. Entre ellos estarían, principalmente, la cría del cerdo, vaca, oveja, cabra, caballo, burro, gallina, pato, oca y conejo.

El acuicultor/piscicultor se encarga de diseñar y gestionar cultivos acuáticos para la crianza de algas, plancton, pulpo, marisco y pescado para alimentación, aceites, biocombustibles, productos para la industria farmacéutica, cosmética, dietética o para la propia alimentación de los peces.

El apicultor cuida y mantiene abejas melíferas en panales, sobre todo para la producción de miel, jalea real, propóleo, cera y veneno (apitoxina).

El veterinario se encarga del manejo y cuidado médico de los animales, principalmente domésticos y de granja, entre ellos perros, gatos, cerdos, vacas, caballos, etc.

El taxidermista diseca animales para conservar su apariencia de estar vivos y así poder exponerlos y estudiarlos. También conserva cuernos, cráneos, dientes, etc.

Los cuidadores de animales trabajan principalmente en zoos, acuarios, safaris, reservas y centros de rehabilitación de animales silvestres y su función es atender a los animales que viven en ellos, proporcionándoles el hábitat, la alimentación más parecida a la que tendrían en libertad, administrándoles medicamentos y vacunas, etc.

Los conservadores son los directores de museos de ciencia, de ciencias naturales, de geología o de paleontología y su función es mantener, inventariar, catalogar, estudiar, aumentar y exhibir la colección del museo, así como gestionar el presupuesto, los recursos humanos, el diseño de las exposiciones, amigos del museo, actividades, etc.

Los directores de zoos, acuarios, jardines botánicos, parques naturales y centros de rehabilitación e interpretación de la naturaleza se encargan de dirigir el centro, de asegurarse de que los animales y plantas estén bien, que haya un inventario de las colecciones y que estén bien, catalogarlas, buscar nuevas adquisiciones o hacer traslado de animales o plantas entre diferentes centros.

Otros

La policía científica es la especialización dentro del Cuerpo Nacional de Policía que se encarga de aplicar el método científico y criminalístico para apoyar, con diferentes pruebas y datos, la resolución de los casos. Es la policía ejecutiva la que dirige la investigación criminal.

El organizador de eventos científicos se encarga de gestionar, de principio a fin, un congreso científico, *steering committees* (comités de dirección), *advisory boards* (comités asesores), charlas y simposios.

Los consultores asesoran a una persona o un grupo de personas sobre un tema del cual se le ha pedido consejo al considerarse un experto o una persona con las herramientas y la experiencia necesarias para poder conocer el tema.

80. Emprendedor/Empresario –
El emprendedor es aquel profesional que monta un negocio para crear un empleo propio y/o para otras personas y así generar ingresos. Muchos profesionales asistenciales crean su propio negocio, como los dentistas, podólogos, psicólogos, terapeutas o nutricionistas. Otros se aventuran a crear una empresa biotecnológica, editorial científica, óptica, farmacia, clínicas de fertilidad, academia de ciencias, empresa alimentaria, química, etc., o son *freelancers* que reciben trabajos, por horas o por proyectos, de personas, instituciones o empresas.

1. Investigador/Científico – *Investigator/Researcher/Scientist*

#curiosidad #conocimiento #experimentación #búsqueda #hipótesis

Trabajo que desempeña

Los investigadores son profesionales científicos altamente cualificados que elaboran hipótesis, realizan experimentos u observaciones para demostrarlos, analizando los datos e interpretando los resultados. Muchos de estos descubrimientos se publican en revistas científicas y se presentan en congresos para darlos a conocer a otros investigadores y al público en general. La gran mayoría de los investigadores consolidados se suelen centrar en uno o varios temas relacionados: cáncer, malaria, inmunología, lupus, aparatos médicos y de diagnóstico, síntesis de nuevos compuestos químicos, complementos alimenticios y vitamínicos, búsqueda de materiales biodegradables y ecológicos, estudio del comportamiento animal, desarrollo de cultivos más resistentes, etc.

Un gran número de estos profesionales combinan su carrera investigadora con tareas asistenciales (ej. médicos o nutricionistas) o docentes (ej. profesores de universidad de Biología Molecular o Química Orgánica), por lo que es fundamental tener en cuenta si otras profesiones se van a realizar simultáneamente. Los hay que han conseguido crear empresas a partir de sus investigaciones o realizan servicios de consultoría a otras empresas. La mayoría hacen presentaciones en congresos y simposios y algunos son revisores en revistas científicas para la valoración de los resultados de las nuevas investigaciones que se envían. Son muy activos a la hora de leer nuevos artículos y acudir a charlas y congresos para estar al tanto de las últimas investigaciones en su campo. También dirigen tesis o forman parte del tribunal en la defensa de la tesis.

Un investigador puede trabajar en la universidad, un centro de investigación, un hospital o una empresa. Dependiendo de dónde lo haga tendrá más o menos libertad de elegir qué investigaciones podrá realizar y acceso a financiación interna (empresa) o externa (becas, ayudas, premios y donaciones públicas y privadas). Los investigadores que necesitan financiación externa dedican una gran parte de su tiempo a escribir proyectos para enviarlos a las convocatorias que van saliendo, donde tienen que seguir un formato específico para cada beca, premio o ayuda. Algunos centros de excelencia tienen establecidas colaboraciones con entidades privadas, donde obtienen una financiación anual continua.

Muchos investigadores que trabajan en hospitales o centros de investigación son revisores de artículos científicos, ya que han sido seleccionados por la revista como revisores del contenido científico. Esto es porque se dedican al campo de las publicaciones de la revista y han sido considerados expertos en el tema. Los revisores deciden si aprobar un artículo (con cambios menores o mayores) o rechazarlo. Normalmente las revisiones se hacen «a ciegas», es decir, los que revisan no saben quiénes son los autores y en muchas ocasiones participan al menos dos revisores (esto se conoce como *double-blind peer-review*). La mayoría de los revisores hacen su trabajo de manera desinteresada, no perciben retribución económica.

Es importante destacar que, especialmente en el estudio de enfermedades humanas, existen tres tipos de investigación: básica o preclínica, en la que normalmente se trabaja con modelos animales y líneas celulares para establecer el mecanismo de acción y posibles toxicidades; traslacional o aplicada, en la que se investiga con muestras de pacientes para la búsqueda de biomarcadores, principalmente, y clínica, en la que se da un fármaco a los pacientes para valorar su seguridad y eficacia dentro del marco de un ensayo clínico o un estudio observacional sobre la enfermedad. Estos conceptos también se aplican en investigaciones sobre enfermedades de animales, donde la investigación clínica se llama ensayo clínico veterinario. Con productos de cosmética también se realizan ensayos clínicos, aunque suelen ser en un número pequeño de pacientes y no se hacen para todos los productos.

Los investigadores pre y posdoctorales básicos pasan mucho tiempo haciendo experimentos en el laboratorio. Normalmente, cuando uno pasa a ser investigador principal, se dedica mucho más tiempo a escribir proyectos para las convocatorias para obtener financiación, dirigir al equipo, buscar colaboraciones, etc., y menos o prácticamente nada en la poyata.

En la historia hemos tenido muchos ejemplos de científicos muy conocidos, como por ejemplo Santiago Ramón y Cajal, Rosalind Franklin, Louis Pasteur, Marie Curie, Gregor Mendel, Charles Darwin o Margarita Salas. En la actualidad tenemos investigadores destacados en su campo como Elizabeth Helen Blackburn Hobart, Joan Mesegué, María Blasco, Richard Dawkins o Jane Goodall. Como ejemplos de investigadores traslacionales tenemos a Herbert Boyer, pionero en la ingeniería genética al usar ADN recombinante para producir insulina, creando Genentech, la primera empresa biotecnológica del mundo, o Uğur Şahin y Özlem Türeci los científicos que aplicaron la técnica del ARN mensajero para la producción de vacunas para el cáncer y el COVID-19 basándose en los trabajos de la investigadora Katalin Karikó. Investigadores clínicos serían los médicos-investigadores que trabajan en ensayos clínicos con fármacos, aparatos médicos, vacunas, etc., o en estudios observacionales. Ejemplos de ellos tenemos a Josep Baselga, Valentin Fuster, Anthony Fauci o Elena

Barraquer. El primer ensayo clínico de la historia lo realizó el Dr. James Lind para tratar el escorbuto de los marineros causado por la falta de vitamina C.

Cualidades

Los investigadores son muy curiosos, se están haciendo continuamente preguntas, establecen hipótesis y realizan numerosos experimentos o pruebas para intentar responderlas. Suelen ser también muy metódicos, perseverantes, apasionados por el tema que investigan y capaces de soportar la frustración cuando los experimentos no salen bien.

Estudios profesionales necesarios

Para ser investigador, es necesario cursar una carrera universitaria de la rama científica o sanitaria: Biología, Química, Bioquímica, Biomedicina, Biotecnología, Bioingeniería, Medicina, Farmacia, Óptica y Optometría, Veterinaria, Ambientales, etc. Para trabajar en puestos académicos y en muchos de la industria (especialmente la farmacéutica y de diagnóstico) es necesario haber realizado el doctorado y, en la mayoría de los casos, un posdoctorado. Se recomienda que, o bien durante el doctorado o durante el posdoctorado, se realice una estancia en el extranjero o en otro centro nacional; esto dependerá del tema que se investigue o de las colaboraciones del departamento. Muchos investigadores se suelen especializar en un área en concreto en la que desarrollarán su carrera profesional, aunque es posible que cambien de campo en el transcurso de su carrera.

2. Técnico de laboratorio/Técnico de investigación – *Laboratory Technician/Reserch Technician/Research Associate (RA)*

#precisión #minuciosidad #técnicas #metodología #informes

Trabajo que desempeña

Los técnicos de laboratorio ponen a punto técnicas de laboratorio y protocolos experimentales, realizan experimentos pautados por los investigadores y ayudan a los doctorandos y posdoctorandos en sus proyectos. Tienen conocimientos muy prácticos sobre diferentes técnicas de laboratorio para el estudio de la genómica, proteómica, microscopía, química analítica, cultivo celular, modelos animales, etc., que utilizan en diferentes proyectos de investigación. Su labor es muy necesaria, ya que dan apoyo a los científicos y al personal investigador del equipo del que forman parte. Tienen mucha experiencia en el manejo de diferentes máquinas, en el uso material de laboratorio y en el estudio de una gran variedad de moléculas y organismos. Siguen las buenas prácticas de laboratorio (BPL, en inglés GLP).

En una universidad o centro de investigación están dentro de un grupo de investigación o formando parte de un servicio central que ayuda a los diferentes equipos, como sería el servicio de genética, de microscopía, etc. Existen también los técnicos del animalario, que son cuidadores de los animales que se están empleando como modelos animales para el estudio de enfermedades y estudios científicos en general. En los hospitales, además de técnicos en laboratorios de investigación, también los hay que dan servicio asistencial, trabajando en los análisis clínicos, microbiología y anatomía patológica, principalmente. Hay técnicos que se dedican al análisis de aguas residuales, estudios geológicos, ambientales, etc., donde una gran parte de su trabajo es «de campo» (fuera del laboratorio), recogiendo muestras. Muchos de estos técnicos trabajan también en el Gobierno para hacer pruebas del control de la contaminación en el aire o en las aguas y para asegurarse de que diferentes industrias (alimentarias, farmacéuticas, químicas, cosméticas, etc.) están cumpliendo con la ley.

Los técnicos de laboratorio también pueden trabajar en empresas de diferentes sectores. Unos formarán parte del laboratorio donde se realice investigación básica, llevando a cabo tareas muy parecidas a los técnicos en la academia. Estos están principalmente en las empresas farmacéuticas, biotecnológicas, aparatos de diagnóstico, cosméticas y alimentarias. Otros trabajarán en el desarrollo de mejora de los productos o en la creación de nuevos (técnicos de desarrollo), donde estarán orientados por los científicos de desarrollo; o realizarán el control de calidad de la empresa, trabajando de cerca con los gerentes de calidad. En empresas pequeñas muchas veces no hacen estas distinciones, ya que solo tienen un laboratorio físico y allí es donde se realizan la investigación, el desarrollo de nuevos productos y el control de calidad.

Cualidades

Los técnicos de laboratorio son muy organizados, metódicos, con gran atención al detalle y capaces de llevar a cabo diferentes protocolos o poner a punto uno nuevo. Son diligentes, dan apoyo continuo a los doctorandos y posdoctorandos del laboratorio en sus proyectos. También deben ser capaces de entender mínimamente la parte científica y médica de los proyectos en que están involucrados, estar al tanto de nuevas técnicas y de nuevos materiales que salen al mercado. En los hospitales, son muy eficientes a la hora de tener listo el resultado de las pruebas para que estas se puedan comunicar a los pacientes lo antes posible.

Estudios profesionales necesarios

Para ser técnico de laboratorio es necesario haber estudiado, como mínimo, una formación profesional de grado medio o superior, relacionada con la Química, Biología, Bioquímica, Veterinaria, Farmacia, Ambientales, Análisis Clínicos, Microbiología, Control de Calidad, etc. Una carrera universitaria sobre estos temas también nos permite acceder a estos puestos de trabajo, pero la formación que se recibe suele estar enfocada a la investigación, menos dirigida al desarrollo de un producto en concreto. Dependiendo de los intereses de cada uno, se puede decantar por el análisis de aguas, alimentos, bebidas o estar más enfocados a temas de investigación científica o atención sanitaria (toxicología, procesamiento de muestras biológicas humanas, técnicas de biología molecular, etc.). Alguna de estas técnicas se aprende durante la formación profesional o la carrera universitaria, pero en la mayoría de los casos uno se va especializando en los diferentes trabajos que va desarrollando.

3. Gestor del laboratorio – Laboratory Manager (Lab manager)

#gestión #personal #mentorización #presupuesto #financiación

Trabajo que desempeña

El gestor de laboratorio supervisa todas las actividades del laboratorio junto con el investigador principal (subinvestigador). Suele participar en las contrataciones de nuevos técnicos de laboratorio, de predocs y posdocs del grupo. Se encarga de hacer las compras de material de laboratorio, reactivos y aparatos, llevar la contabilidad de los gastos y asignarlos a cada proyecto, de hacer el seguimiento de las colaboraciones del grupo con otros grupos y de ayudar al investigador principal con la solicitud de ayudas y premios para financiar los proyectos de investigación. Muchos de los gestores de laboratorio hacen también aportaciones científicas a los proyectos o dan ideas para proyectos nuevos. Colaboran para escribir nuevos protocolos y artículos científicos o preparan toda la documentación para enviar a las convocatorias de ayudas para la financiación de proyectos. Hay gestores de laboratorio tanto en la industria como en la academia, al igual que los técnicos.

Cualidades

Los gestores de laboratorio poseen una amplia experiencia y conocimientos científicos sobre muchas técnicas de laboratorio, no solo para llevarlas a cabo, sino, sobre todo, para poder ayudar a los técnicos, predocs y posdocs con los problemas que surjan en sus experimentos. Tiene que tener buen don de gentes para saber coordinar bien a los diferentes profesionales que forman parte del grupo y saber manejar correctamente las colaboraciones con otros investigadores. Son personas muy organizadas para tener el inventario bien controlado y gestionar la asignación de gastos de los proyectos.

Estudios profesionales necesarios

Los gestores de laboratorio suelen ser profesionales que han hecho su doctorado o posdoctorado en alguno de estos campos, como por ejemplo Biología, Química, Bioquímica, Farmacia, Medicina, Veterinaria o Ambientales. Los que han estudiado Medicina suelen ser gestores del laboratorio de diagnóstico de un hospital; menos común, pero los hay en centros de investigación o laboratorios de la industria. También se puede acceder con estudios de grado medio o superior, aunque se necesitarán además varios años de experiencia en el sector al que se quiera dedicar. Para acceder a puestos en el hospital relacionados con el trabajo asistencial, es necesario hacer los exámenes del MIR, FIR, BIR o QIR en las especialidades de análisis clínicos, bioquímica clínica, etc.

4. Científico de desarrollo – *Development Scientist*

#innovación #creatividad #optimización #modernización #crecimiento

Trabajo que desempeña

Los científicos de desarrollo aplican los descubrimientos realizados por científicos básicos para realizar el escalado a producción, para la creación de nuevos productos u optimización de productos actuales, siempre intentando ofrecer soluciones innovadoras y modernas a necesidades reales. Estos científicos trabajan principalmente en la industria, ya que está orientada a la creación de productos para ofrecer al consumidor o a otras empresas. También existen algunos científicos de desarrollo en la universidad o centros de investigación; suelen estar colaborando con una empresa para un producto específico, aunque también los hay que crean una *spin-off*[1] o deciden vender el producto a una empresa para que esta lo pueda comercializar.

En empresas cosméticas y de productos de limpieza, el trabajo consiste, principalmente, en el desarrollo de nuevos productos (nuevas mezclas, cambios de color u olor, líneas de productos ecológicos y biodegradables) y cómo va a ser su síntesis o producción a pequeña escala. En empresas alimentarias y de bebidas también buscan elaborar nuevos productos (barritas energéticas, productos bajos en calorías o en sal, cerveza sin gluten) o prueban nuevos compuestos que puedan sustituir al azúcar o actuar como conservantes que sean más saludables para el ser humano. En otras in-

---

[1] Empresa que se crea independientemente de la universidad donde se ha gestado la creación y desarrollo del producto, contando también con investigadores y técnicos que formaban parte del equipo. En muchos casos se siguen usando las instalaciones de la universidad a través de un convenio.

dustrias como la textil, se encargan de hacer nuevas mezclas de los tintes y nuevas combinaciones de fibras para la creación de tejidos con distintas calidades y propiedades. También se buscan tejidos que sean biodegradables, ecológicos y el reciclaje de fibras (conocido como moda sostenible). En las empresas de productos químicos orgánicos e inorgánicos, realizan también nuevas mezclas y preparaciones de pinturas, disolventes orgánicos, pesticidas, fertilizantes, materiales para la construcción y gomas. También, en estos últimos años, se está haciendo un gran esfuerzo para hacerlos más sostenibles con el medioambiente.

En las industrias farmacéuticas y biotecnológicas de producción de fármacos, los científicos de desarrollo se dividen en desarrollo galénico/farmacéutico y desarrollo analítico. El desarrollo galénico consiste en desarrollar una formulación adecuada, definiendo la fórmula cualitativamente (qué excipientes llevará ese medicamento) y cuantitativamente (en qué proporción los llevan). Además, definen el proceso de fabricación que se deberá seguir una vez se alcance la fase comercial. Pueden realizar mejoras en productos ya existentes, como mejora de características organolépticas, procesos más robustos, adecuarse a nuevas normativas (cuando por ejemplo se prohíbe un excipiente). También realizan otras tareas como cambiar la presentación de un medicamento de oral a tópica o en un parche.

Por otro lado, los científicos de desarrollo analítico desarrollan los métodos analíticos que se necesitarán para analizar el medicamento y poder comprobar así su calidad. Estos métodos analíticos se transferirán al departamento de control de calidad para poder utilizarlos en los lotes comerciales. En el desarrollo de un nuevo medicamento, tanto el método de fabricación (desarrollado por desarrollo galénico) como los métodos de análisis (desarrollados por desarrollo analítico) se incluyen en un dosier de registro que se presentará a las autoridades sanitarias (AEMPS en España, FDA en EE. UU., etc.). Una vez el dosier es aprobado, el laboratorio tiene la autorización para fabricar a nivel comercial el medicamento.

En el desarrollo farmacéutico se hacen síntesis a pequeña escala también de fármacos biológicos (sintetizados por seres vivos) en tanques de fermentación para realizar el escalado a producción. Trabajan muy de cerca con los científicos e ingenieros de bioprocesos para la optimización de la cadena de producción de biológicos, ya que son procesos muy complejos y caros. Ambos departamentos preparan toda la documentación de las características del fármaco para el dosier de registro. Otros científicos de desarrollo en la industria farmacéutica son los que hacen las pruebas de toxicidad en animales (estudios preclínicos) que, dependiendo del tipo de fármaco y su mecanismo de acción, se harán en ciertos tipos de animales según marca la legislación. También hay científicos que trabajan analizando las muestras de farmacocinética de los ensayos clínicos para establecer cuánto tiempo está en la sangre, cómo se metaboliza el fármaco, cómo se excreta, etc. A los que trabajan revisando los datos clínicos y atendiendo a las dudas clínicas de los ensayos se los denomina monitores médicos.

En la historia tenemos ejemplos de científicos de desarrollo (muchos de ellos investigadores básicos), como sería Louis Pasteur, que descubrió el papel de la levadura *Saccharomyces Cerevisae* en la fermentación de la cerveza, consiguiendo mejorar la producción en las fábricas. Más recientemente tenemos a David Goeddel, que consiguió por ingeniería genética clonar la insulina humana introduciendo plásmidos con el gen en la bacteria *Escherichia Coli*, siendo la primera vez que se producía un fármaco de esta manera y al que siguieron muchos otros después.

Cualidades

Los investigadores de desarrollo tienen ideas innovadoras y creativas, piensan *out of the box*[2], para buscar aplicaciones de los resultados de investigaciones básicas (incluyendo los de otros campos) y así realizar nuevas creaciones de productos. También son habilidosos y eficientes para solucionar problemas y necesidades de los clientes. Es necesario ser metódico y organizado para planificar los diferentes proyectos en los que van a trabajar.

Estudios profesionales necesarios

Para ser científico de desarrollo, es necesario cursar una carrera universitaria de la rama científica o sanitaria (Biología, Química, Bioquímica, Biotecnología, Farmacia, etc.) o una ingeniería relacionada con este campo (Química, Biomédica). Tener un máster de la industria farmacéutica o un doctorado en síntesis química o similar te dará puntos para sobresalir entre otros candidatos. En industrias como la textil, la química, la cosmética y la alimentaria es posible que se pueda acceder con estudios profesionales de grado medio o superior si se ha adquirido mucha experiencia en el sector como técnicos.

---

[2] Explorar ideas creativas e inusuales usando la imaginación en vez de las ideas tradicionales o las esperadas.

5. Ingeniero de bioprocesos/Ingeniero bioquímico, Científico de bioprocesos – *Bioprocessing Engineer/Biochemical Engineer, Bioprocessing Scientist*

#biológicos #medicamentos #biorreactor #operaciones #producción

Trabajo que desempeña

Los ingenieros y científicos de bioprocesos se dedican a la fabricación de medicamentos que están sintetizados por seres vivos (fármacos biológicos), proteínas derivadas del plasma humano y de animales para uso terapéutico y a otros fármacos que se fabrican mediante procesos más innovadores, como la vacuna del ARN mensajero, en el que se hace una síntesis *in vitro* a través de enzimas, o las terapias celulares, que son células humanas modificadas para que tengan una función terapéutica. También trabajan en otros productos derivados de los seres vivos, como serían las bebidas que llevan procesos de fermentación (vino y cerveza), combustible (biofuel), productos de limpieza enzimáticos (biocatalizadores) y nuevos compuestos (bioplásticos, biofenoles, biosurfactantes o nutracéuticos) producidos por hongos y microbios.

Los fármacos biológicos son, en su mayoría, anticuerpos monoclonales (por ejemplo, el trastuzumab para el cáncer de mama) o restos biológicos inactivados (la vacuna de la gripe A). En estos últimos años han aparecido nuevos tipos de terapias biológicas, como son las terapias génicas (Zolgensma), las vacunas con ARN mensajero (vacuna del COVID-19 Spikevax o Comirnaty) o las terapias celulares (como las CAR-T[3] *cells* o los TILs[4]). La producción de fármacos biológicos es un proceso complejo donde se necesita un nivel muy alto de conocimientos bioquímicos, químicos y biológicos y un gran control de calidad en cada paso. Muchos biológicos, son grandes moléculas (proteínas), y tienen una fórmula que varía ligeramente entre un lote y otro debido a glicosilaciones (unión de carbohidratos a proteínas) y otras modificaciones postraduccionales (cambios después de la síntesis de la proteína) que ocurren en los seres vivos que los producen. Se suelen preparar en viales para una administración intravenosa, subcutánea o intramuscular.

Los ingenieros de bioprocesos o ingenieros bioquímicos se encargan de diseñar la producción de un fármaco biológico que se estaba sintetizando a pequeña escala en el laboratorio usando fermentadores industriales para el cultivo celular. Normalmente se hace usando las células mamarias CHO (células de ovario de hámster chino) para la producción de anticuerpos que se incuban en tanques de gran tamaño. Los científicos de bioprocesos también colaboran con los ingenieros de bioprocesos en la escalada de producción de nuevos fármacos, pero principalmente se encargan de establecer y realizar los controles de calidad constantes durante todo el proceso: pruebas de pureza (cromatografía), eficacia, control microbiológico e inocuidad. Los controles

---

[3] Terapia personalizada que consiste en extraer células T de la sangre del paciente y, a través de la ingeniería genética, se consigue que expresen en su superficie receptores de antígeno quiméricos (CAR, *chimeric antigen receptors*), para que reconozcan antígenos específicos de las células cancerígenas. Esta terapia es muy utilizada para tratar tumores hematológicos.

[4] Terapia personalizada que consiste en extraer células T presentes dentro del tejido tumoral del paciente (que ya han reconocido células cancerígenas previamente) y se expanden en el laboratorio usando IL-2 para luego poder infundir al paciente una gran cantidad de ellas.

microbiológicos son muy importantes, especialmente cuando se utilizan células mamarias, pues al ser de la misma especie que el hombre le pueden afectar virus muy similares. Deben seguir las normas de correcta fabricación (NCF, en inglés GMP) para la producción de fármacos biológicos. También coordinan los diferentes pasos de la producción, como añadir los diferentes cultivos, recambio de células, purificación, etc.

En el caso de producción de las proteínas derivadas de plasma humano (como serían las inmunoglobulinas o la albúmina) o de animales transgénicos (como la antitrombina derivada de la leche de cabras transgénicas), se siguen las mismas pautas que para los fármacos biológicos, pero no existe el paso de «fermentación» o síntesis del fármaco en los tanques, ya que esto ha ocurrido previamente fuera de la línea de producción.

La producción de terapias celulares CAR-T *cells* o los TILs son procesos complejos, ya que son terapias personalizadas para cada paciente. Su transformación de células del paciente a tratamiento se tiene que realizar en condiciones de esterilidad muy altas, por lo que los laboratorios tienen que ser adecuados para ello disponiendo, entre otras cosas, salas blancas para controlar la contaminación. Estas terapias se producen tanto en empresas como en hospitales.

Los ingenieros y científicos de bioprocesos colaboran con los investigadores básicos para la viabilidad de la producción de nuevos fármacos que se estén investigando en los laboratorios de la empresa. También buscan optimizar los procesos actuales para producir más rápido, tener menos pérdidas dentro de la cadena o una mayor calidad del producto. Los científicos de procesos colaboran en la preparación del *Drug Master File* (DMF) para solicitar la realización de investigación clínica o para su comercialización, ya que las autoridades regulatorias exigen que para las nuevas entidades biológicas (en inglés NBE) se sepa cómo es su proceso de fabricación.

La producción de bebidas derivadas de la fermentación, como el vino o la cerveza, de combustibles y otros compuestos químicos derivados de seres vivos se realizan también en grandes tanques de fermentación, donde se incuban las células, hongos o bacterias para que produzcan el compuesto de interés. Suelen ser procesos más sencillos y con menos riesgo de tener una contaminación que afecte al ser humano al usarse células no mamarias, pero igualmente se siguen unos controles rigurosos durante todo el proceso para obtener un producto con la calidad y esterilidad que se precisa.

Cualidades

Los ingenieros y científicos de bioprocesos son muy rigurosos y cuidadosos con el control de todo el proceso de producción, ya que cualquier contaminación del producto afectará a la producción y tendrá un impacto económico importante en la empresa. Tienen grandes conocimientos sobre microbiología, ingeniería genética, química, biología y física. Suelen poseer una gran visión espacial para entender los procesos de fabricación y poder realizar la planificación de la cadena de producción.

Estudios profesionales necesarios

Para ser ingeniero de bioprocesos o ingeniero bioquímico hay que estudiar Bioingeniería, Ingeniería Química o Industrial. Para ser científico de bioprocesos se necesita la carrera de Biotecnología, Biología, Química, Bioquímica, Biomedicina o similares. En algunas universidades ofrecen másteres o cursos para especializarse en bioprocesos para la fabricación de medicamentos, que son los más complejos. Haber realizado un doctorado o posdoctorado podría ayudar a obtener el puesto.

6. Ingeniero químico, Químico industrial – *Chemical Engineer, Industrial Chemist*

#síntesisquímica #procesosindustriales #reactor #catalizador #moléculas

Trabajo que desempeña

Los ingenieros químicos y químicos industriales trabajan para la producción de compuestos químicos a gran escala que requieran reacciones químicas, procesos físicos, mezclas de compuestos o procesamiento de material orgánico. Ejemplos de estos compuestos serían la síntesis de fármacos de molécula pequeña[5], tintes, pinturas, productos de limpieza, productos químicos, petróleo, alimentos o bebidas.

Hay tres tipos de industrias según el tipo de producto que generan. Las industrias químicas básicas o primarias son las que trabajan las materias primas para la purificación y conversión en otros compuestos que servirán para producir otros productos. Ejemplos serían el petróleo (petroquímica), minerales (minería) o metales (metalurgia). Las industrias de transformación química o secundaria, que son las que elaboran productos más complejos que se venden al público o que se utilizarán en la industria terciaria, como serían los vidrios, plásticos, detergentes o pinturas. Por último, estarían las industrias de química fina o terciarias, que fabrican medicamentos, cosméticos, productos de aseo personal, fertilizantes, pesticidas, explosivos, aceites, alimentos, bebidas, conservantes, etc.

Los ingenieros químicos se encargan del diseño, mantenimiento y operación de equipos de la cadena de producción química en

---

[5] Fármacos que consisten en moléculas discretas de pequeño tamaño y con una fórmula química definida, en la que en el proceso de producción se sintetizan millones de moléculas idénticas

los diferentes pasos necesarios para el procesamiento y/o la fabricación de nuevos productos, así como de solucionar problemas que vayan surgiendo en la cadena. Los químicos industriales colaboran en el proceso de diseño de la cadena y escalado de un nuevo producto. En su día a día gestionan las materias primas, supervisan el proceso de producción (cuando hay que añadir los reactivos en el reactor, etc.) y cuando se necesita comprar más materias primas, trabajando muy de cerca con los técnicos de producción y operarios de la fábrica. También colaboran con los científicos de desarrollo para mejoras en las reacciones (aumentar el *yield*, el rendimiento de la reacción).

Trabajan en la producción de fármacos de molécula pequeña (*small molecule*), un tipo de principios activos farmacéuticos (en inglés API). Estos suelen ser orales, pero también los hay que se preparan en viales para ser infundidos o inyectados, en parches, en inhaladores, o como loción tópica, sublingual o gotas oculares. Muchos fármacos de molécula pequeña fueron descubiertos en seres vivos donde el hombre ha encontrado la manera de hacer su síntesis química a través de varios pasos y usando como materia prima diferentes compuestos químicos. Ejemplos de ellos son el ácido acetilsalicílico (aspirina), que viene de la corteza del sauce blanco, o la eribulina (quimioterapia para el cáncer de mama), que viene de una esponja marina. Otros fármacos se han ido descubriendo a través de un proceso llamado en inglés *drug discovery*, usando la biología computacional, por síntesis química de grandes librerías de compuestos o buscando nuevas dianas terapéuticas (denominado farmacología inversa). Los químicos industriales colaboran en la preparación del *Drug Master File* (DMF) para solicitar la realización de investigación clínica o para su comercialización, ya que las autoridades regulatorias exigen para las Nuevas Entidades Químicas (en inglés NCE) saber cómo es su proceso de fabricación.

La fabricación de compuestos químicos para su uso en los laboratorios de investigación, análisis clínicos, producción de fármacos, de cosméticos y otros compuestos que normalmente requiere unos niveles de pureza del producto final muy altos (por ejemplo ácido clorhídrico, sulfato de magnesio, ioduro potásico, etc.), con gran detalle en la etiqueta de la caracterización del producto. Lo mismo ocurre con el procesamiento de alimentos y bebidas, donde tienen que quedar registrados todos los conservantes, colorantes, etc., que se le añaden, así como el porcentaje de grasa, proteína, hidratos de carbono y sal que tiene el producto final.

Los ingenieros químicos y químicos industriales trabajan conjuntamente con los expertos de sostenibilidad de la empresa para la gestión de los residuos y para intentar hacer la fabricación de los productos más sostenible y así disminuir el impacto medioambiental.

Cualidades

Los ingenieros químicos y los químicos son muy precisos, con grandes conocimientos de química, bioquímica, matemáticas, física y diseño industrial. Son muy resolutivos, solucionando problemas de manera rápida y eficaz para que la fábrica pueda seguir funcionando. Son muy observadores y con gran visión espacial de las diferentes máquinas y los procesos de fabricación. Tienen que estar en buena forma física, ya que su lugar de trabajo es la fábrica, donde tienen que estar mucho tiempo de pie o moviéndose por ella.

Estudios profesionales necesarios

Para ser ingeniero químico hay que estudiar Bioingeniería, Ingeniería Química o Industrial. Para el puesto de químico industrial se necesita la carrera de Química o Farmacia. Haber realizado un doctorado o posdoctorado (especialmente en síntesis química de diferentes compuestos y nuevos materiales) podría ayudar a obtener el puesto. Se podría acceder también con un grado medio o superior de Química Industrial o grados similares después de muchos años de experiencia.

7. Técnico de producción, Jefe de producción – *Manufacturing Technician/ Manufacturing Associate, Manufacturing Manager/Production Supervisor*

#materiaprima #producto #lote #procesos #documentación

Trabajo que desempeña

El técnico de producción trabaja en empresas donde se fabrican o procesan productos biológicos o químicos a partir de productos derivados de seres vivos o por la síntesis química orgánica e inorgánica en las diferentes industrias: farmacéutica (medicamentos biológicos y de molécula pequeña), tintes, tejidos y pieles (curtidores), productos de limpieza, cosméticos (champús, cremas o maquillaje), bebidas (zumos, refrescos o bebidas energéticas), alimentos (leche y sus derivados, pescados, carnes u otros alimentos como café, pan, etc.), productos químicos, etc.

Conocen al detalle todos los pasos necesarios para el procesamiento de la materia prima para así obtener el producto deseado. Por ejemplo, en el caso de la producción del queso, saben cómo hacer la fermentación de la leche y preparar el cuajo mezclándolo con otros ingredientes para después extraer el suero y proceder a su maduración. Estos procedimientos se realizan a unas temperaturas y en unas condiciones determinadas y tienen que extraer muestras cada cierto tiempo para que los técnicos de calidad realicen los controles de calidad. Todos los productos finales que se van a consumir por personas tienen unos requisitos de producción muy exhaustivos, por lo que la limpieza e higiene son muy importantes durante todo el proceso.

Siguen las normas o leyes que apliquen a sus productos y también los propios protocolos internos (conocidos como PNTs, procedimientos normalizados de trabajo). Por ejemplo, en el caso de los productos de limpieza o cosméticos, los gobiernos están pidiendo cada vez más que sean biodegradables para que no contaminen el medioambiente. Aquellos que trabajan en la fabricación de fármacos de molécula pequeña por síntesis química tienen que seguir las normas de correcta fabricación (NCF, en inglés GMP).

Los técnicos de producción sacan muestras de la cadena de producción en diferentes momentos para poder realizar análisis microbiológicos y fisicoquímicos, como por ejemplo de textura, composición o pH. Si la empresa es pequeña puede que lo realicen ellos mismos, pero si la producción es considerable se encargarán los técnicos y gerentes de control de calidad que trabajan en el laboratorio. Llevan un control también de las materias primas, de que estén conservadas a la temperatura y humedad adecuadas y que sean de la calidad necesaria para el tipo de producto que vayan a realizar. Saben cómo tienen que proceder si se detectan productos contaminados o con fallos. Siguen los protocolos de seguridad para protegerse a ellos mismos para no inhalar productos peligrosos, como ácidos o los propios productos que fabrican.

Algunos procesos de fabricación de fármacos (como los inyectables y colutorios) requieren unos estándares de limpieza de salas y calidad del aire muy alta; es por eso por lo que, para acceder a las salas de producción, que son salas blancas, el personal debe hacer un cambio de ropa que comprende monos de protección con capucha, guantes, zapatos, etc.

Un nivel más alto de los técnicos de producción serían los profesionales que llevan el control de la producción de un producto o productos en concreto (gerente de producción) o de toda la fábrica (director de producción o director de operaciones). Se encargan del diseño de la planta de manufactura junto con los ingenieros industriales, ingenieros químicos y científicos de bioprocesos. Los gerentes de producción están en constante comunicación con los diferentes departamentos, en especial el departamento comercial/de ventas, para estar al tanto de las existencias disponibles o si hay algún problema en la producción que vaya a retrasar la fabricación (por ejemplo, que hay escasez de materia prima, que se haya roto una máquina, etc.). Los directores de la fábrica coordinan la producción de los diferentes productos para que la fabricación se ajuste a la demanda lo mejor posible y que no se tenga que tirar producto porque haya caducado antes de su venta.

Cualidades

Los técnicos de producción tienen grandes conocimientos prácticos sobre cómo realizar las reacciones químicas, mezclas y procesos necesarios en su trabajo. Están en buena forma física, ya que están parte de su tiempo de pie o en movimiento realizando diferentes tareas físicas. Son conscientes de lo importante que es la higiene en la fabricación de los productos, principalmente aquellos que se van a ingerir por las personas.

Estudios profesionales necesarios

Se puede acceder a los puestos de técnico de producción habiendo realizado, como mínimo, una formación profesional media o superior, idealmente sobre el tema que se quiere trabajar, ya que así también se formarán sobre leyes referentes al producto que vayan a trabajar. En puestos de fabricación de medicamentos se necesita una carrera universitaria científica (Química, Biología, Nutrición y Dietética, Tecnología de los Alimentos, etc.). Para ser gerente de producción se necesita una formación profesional media y superior y muchos años de experiencia en el sector o una carrera científica con experiencia en la industria a la que se quiere acceder.

8. Gerente de control de calidad, Gerente de garantía de la calidad, Analista/Técnico de control de calidad – *Quality Control (QC) Manager, Quality Assurance (QA) Manager, Analyst/QC Technician*

#producto #requerimientos #PNT #diseñodeprocesos #normasISO

Trabajo que desempeña

El gerente de control de calidad (conocido en inglés como QC) y el gerente de garantía de calidad (QA) son dos profesiones que se suelen confundir y considerarse lo mismo, pero no es así. La principal diferencia entre el gerente de control de calidad y el de garantía de calidad es que el primero se encarga de preparar los protocolos de análisis los productos para comprobar que estén bien fabricados según la calidad que se busca y que el producto cumple las especificaciones requeridas y las leyes que aplique, mientras que el segundo revisa todo el proceso de fabricación y análisis del producto para asegurarse de que se están cumpliendo según lo planeado y según las normas de calidad. En empresas pequeñas puede que sea la misma persona la que hace estos dos trabajos, pero lo normal es que estas funciones estén separadas.

Los gerentes de control de calidad se asegurarán de que se inspecciona al detalle el producto para que este cumpla los estándares de calidad que piden las agencias regulatorias y los que la empresa busca declarar en la etiqueta. Para ello, preparan PNT (procedimientos normalizados de trabajo, conocidos también en inglés por SOP) y los métodos analíticos que siguen los analistas o técnicos del laboratorio para inspeccionar los diferentes productos que la empresa fabrica. Los resultados de las pruebas se cotejan con el valor esperado y su desviación estándar, que aparecen listados en la ficha técnica del producto para que pasen los controles de calidad. Por ejemplo, el medicamento A tiene que pesar 200 mg ± 0.2, la densidad del producto de limpieza B es 1.05 g/dl ± 0.01 y su pH de 8 ± 0.2, el alimento C tiene que tener un 7.1 % ± 0.2 de grasa, etc. Muchas veces los controles de calidad se hacen también en productos intermedios (se les llama controles en proceso) para detectar problemas en la cadena de producción y así parar el proceso de fabricación a partir de ese punto. De esta manera, se consigue ahorrar materiales, tiempo y dinero, y da la oportunidad de poder solucionar el problema en ese instante y no cuando el producto esté finalizado.

Los gerentes de garantía de calidad se encargan de revisar que en la empresa se están haciendo los procesos según los requerimientos de calidad que se han establecido internamente y las normas ISO que apliquen al tipo de producto que fabriquen. Los medicamentos tienen que seguir las normas de correcta fabricación (NCF, en inglés GMP). Otra de sus funciones es revisar que las fábricas cumplan con las normas de higiene y calidad del aire necesarias y que el producto llegue al consumidor. Los medicamentos tienen que cumplir las buenas prácticas de distribución (BPD, en inglés GDP) establecidas internacionalmente. Gestionan y dejan documentadas las incidencias que ocurren en la fábrica y se aseguran de que los servicios que se esté ofreciendo a los clientes sean según los estándares que la empresa ha establecido. Cuando detectan un problema, implantan los CAPA, que son las medidas correctivas y preventivas que se establecen para corregir el problema identificado y evitar que vuelva a pasar en el futuro. También es capaz de predecir problemas que puedan llegar a ocurrir (pero que no han ocurrido) y establecer medidas para prevenirlos.

Cualidades

Estos perfiles profesionales tienen muchas características en común, principalmente es necesario ser muy meticuloso, riguroso, organizado, con conocimientos profundos de las normas que apliquen en su sector. Si detectan problemas o que no se están haciendo las cosas correctamente, tienen que saber comunicarlo de una manera respetuosa, pero efectiva. También es necesario ser muy observador y detallista.

Estudios profesionales necesarios

Para ser gerente de control calidad o de garantía de calidad es necesario tener estudios universitarios científicos o una ingeniería. Normalmente, los estudios realizados estarán en relación con la industria a la que se quiera dedicar, aunque esto no es un requisito indispensable. Para el técnico de control de calidad se puede acceder con formación profesional de grado medio o superior. A veces teniendo varios años de experiencia como técnico de control de calidad o de producción se puede acceder al puesto de gerente de control de calidad o garantía de calidad, aunque en algunas industrias, como la farmacéutica, esto no es posible.

9. Bioinformático, Biólogo computacional – *Bioinformatician, Computational Biologist*

#programación #código #cienciadedatos #visualización #gráficos

Trabajo que desempeña

Los bioinformáticos recopilan, ordenan y analizan experimentos que han generado gran cantidad de datos y/o de gran complejidad. Un ejemplo de esto serían los datos de experimentos de secuenciación genética de última generación (más conocido como NGS, *next generation sequencing)*, en los que se secuencian de unos pocos a millones de genes o transcriptos a gran velocidad para conocer la presencia de mutaciones o su expresión génica, entre otras cosas. Los bioinformáticos analizan estos datos mediante computadoras, utilizando diferentes lenguajes de programación, siendo C, Java, R, Phyton o Perl los más comunes. Estos lenguajes de programación les sirven además para generar gráficas donde se visualizan los resultados. Normalmente complementan los análisis de mutaciones, GSEA (*Gene Set Enrichment Analysis)*, o de expresión diferencial utilizando bases de datos públicas para hacer el análisis de las vías de señalización (*pathway analysis,* como KEGG), comparar o validar los resultados obtenidos.

Se podría decir que hay dos tipos de bioinformáticos: los desarrolladores del *pipeline* y los usuarios. Los primeros serían los que trabajan dando un servicio a muchos investigadores de su centro de trabajo (*core*) o en un proveedor de estos servicios. Esto puede ser tanto en universidades, centros de investigación, empresas farmacéuticas o empresas que dan estos servicios externamente. Se encargan de gestionar el *pipeline* informático (capacidad, conectividad, número de ordenadores) y programarlo para que se pueda analizar un volumen de datos a la vez. También desarrollan y gestionan el *pipeline* que convierte los datos crudos (*raw data*) en datos que se pueden usar para análisis posteriores. Los bioinformáticos del *core* se encargan de administrar los usuarios del *pipeline*, es decir, al otro tipo de bioinformático. Estos son normalmente investigadores que han aprendido bioinformática y analizan ellos mismos sus experimentos o es un bioinformático propio del grupo que analiza los experimentos de los integrantes del laboratorio. Colabora también con las publicaciones científicas de estos resultados.

Los biólogos computacionales trabajan en diferentes campos, como farmacología, anatomía, evolución (árboles filogenéticos) o biofísica. Para el descubrimiento de nuevos fármacos y dianas terapéuticas (conocido en inglés como *drug discovery*), se usan modelos matemáticos a través de la computación. Estos modelos matemáticos, típicamente basados en modelos químico-físicos, permiten, entre otras cosas, predecir el efecto de miles de fármacos en una diana terapéutica. Para ello, tienen en cuenta la estructura tridimensional de la molécula y los receptores, y con estas predicciones se consigue disminuir considerablemente el número de fármacos con el que se harán pruebas *in vitro* e *in vivo* con células y animales (siendo estas más costosas que la predicción por ordenador). También permite predecir si pequeñas modificaciones en la molécula identificada como posible candidata consiguen aumentar la afinidad de unión al receptor o que sea más estable químicamente antes de probarlo *in vivo*.

En anatomía, utilizan métodos computacionales y de análisis de datos para simular la estructura en 3D de células, órganos o tejidos para predecir el movimiento de moléculas, fluidos, etc. En la evolución, se utiliza para construir árboles filogenéticos, ancestros comunes, poblaciones genéticas o predecir cómo pueden evolucionar las poblaciones de diferentes especies. En la biofísica se busca, a través de modelos biológicos y matemáticos, predecir las interacciones físicas entre moléculas, la simulación de plegamientos de una proteína, la señalización celular o los procesos metabólicos.

Algunas personas utilizan indistintamente bioinformático o biólogo computacional para referirse al profesional que realiza cualquiera de las funciones descritas en este apartado, pero varias organizaciones las definen como dos profesiones diferentes.

Cualidades

Los bioinformáticos son muy ordenados y metódicos, capaces de manejar una gran cantidad de datos y de información clínica y científica para realizar los análisis de manera correcta. Son muy independientes, trabajan solos durante largas horas, pero también saben comunicarse con los diferentes investigadores para entender bien el proyecto y los análisis que necesitan. Son muy exactos y precisos con los análisis y creativos a la hora de hacer gráficas y buscar la mejor manera de representar los resultados obtenidos. Muchos de ellos tienen grandes conocimientos de biofísica, matemáticas y estadística.

Estudios profesionales necesarios

En muchos casos, los bioinformáticos y biólogos computacionales han estudiado una carrera científica y después han hecho cursos o másteres de bioinformática o han aprendido de manera autodidacta los lenguajes de programación y cómo realizar los análisis durante su doctorado o posdoctorado. Otros han estudiado Matemáticas, Estadística o Informática y después se han formado sobre biología, los diferentes experimentos que se realizan habitualmente o los análisis típicos de cada técnica.

10. Estadista – *Statistician*

#datos #gráficos #análisis #biométrica #programación

Trabajo que desempeña

Los estadistas analizan los datos de diversas fuentes como experimentos, fenómenos meteorológicos, estudios observacionales, epidemiológicos o ensayos clínicos, para obtener los resultados de diferentes análisis y que el equipo con el que trabajan pueda sacar conclusiones sobre la materia. Preparan los gráficos, tablas y el texto que las acompaña para ponerlos en las publicaciones científicas, médicas, documentos regulatorios o para la divulgación a un público en general. En cuanto a los experimentos, suelen trabajar con datos concretos y limitados, a diferencia de los complejos y extensos datos (normalmente de secuenciación) que manejan los bioinformáticos. Ejemplos de gráficos son: diagramas de barras para comparar varias medidas, curvas de Kaplan-Meier para la supervivencia o *forest plot* para el análisis de subgrupos. Ejemplos de análisis que realizan son: comparación de porcentaje de tinción de un anticuerpo entre dos o más grupos, la diferencia en la supervivencia libre de progresión de cada brazo del estudio o en los efectos secundarios entre dos o más tratamientos. Los estadistas trabajan en universidades, hospitales, empresas (sobre todo farmacéuticas y biotecnológicas), Gobierno, consultoras o como *freelancers*.

En la industria farmacéutica, los estadistas se encargan de hacer los análisis de los estudios preclínicos y clínicos. Cuando se está haciendo el diseño, se encargan de calcular la n (número de pacientes o sujetos a incluir) según las hipótesis del estudio y su relación entre ellas. También ayudan a establecer los niveles de estratificación para aleatorizar a los pacientes, revisan cómo se van a recoger los datos, participan en el diseño del estudio, en el cuaderno de recogida de datos, etc. Para los estudios clínicos, hay una serie de análisis establecidos y marcados por las autoridades regulatorias y otros análisis importantes para el estudio (llamados en inglés TFL, *Tables, Figures, and Listings*) que se tienen que reportar en el informe del estudio (CSR) cuando se hacen los análisis intermedios y finales. Esto viene definido en el protocolo y, más extensamente, en el plan de análisis estadístico (SAP). Los resultados más importantes se ponen en las publicaciones científicas y en las comunicaciones enviadas a los congresos. También realizan análisis exploratorios según el mecanismo de acción de molécula, la patología, las publicaciones de la competencia, las observaciones realizadas en el estudio o por necesidades del programa.

Los estadistas que trabajan en las universidades y hospitales dan servicio a los investigadores que trabajan en sus centros. Normalmente son para experimentos, estudios retrospectivos, estudios observacionales prospectivos o ensayos clínicos, normalmente con una *n* más pequeña que los promovidos por la industria. Además, algunos trabajan dando servicio a profesionales de la industria para los IDMC, que es un comité independiente que realiza revisiones periódicas a los datos del ensayo. Los *freelancers* también ofrecen esos servicios a la industria o investigadores de hospitales y universidades. Existen algunos que trabajan para sociedades científicas, donde reciben financiación de la industria farmacéutica, principalmente para realizar ensayos promovidos por los investigadores que forman parte de ellas. Los que trabajan en las agencias regulatorias de los gobiernos revisan las propuestas de ensayos clínicos que han enviado los diferentes promotores. Otros estadistas del Gobierno hacen análisis epidemiológicos de enfermedades y hábitos de la población o colaboran con los meteorólogos para la predicción del tiempo y otras variables atmosféricas

Cualidades

Los estadistas son muy minuciosos, metódicos y con gran observación al detalle. Son personas muy analíticas y capaces de detectar y resolver errores en los análisis. Saben escuchar a los investigadores para entender bien la parte científica de los proyectos y cómo se están recogiendo los datos. Los que trabajan en la industria tienen que saber trabajar en un equipo multidisciplinar.

Estudios profesionales necesarios

Para trabajar como estadista es necesario estudiar la carrera de Estadística o Matemáticas.

11. Científico de datos, Analista de datos – *Data Scientist, Data Analyst*

#datos # análisis #código #interpretación #inteligenciaartificial

Trabajo que desempeña

El científico de datos (conocido en inglés como *data scientist*) se encarga de recoger datos de diferentes fuentes para que se puedan hacer varios tipos de análisis y visualizaciones. Combinan diferentes habilidades, como programación, estadística y, a menudo, conocimientos específicos del tema (en el contexto de este libro serían la medicina, biología, química, nutrición y alimentación, cosmética, etc.), aunque estos últimos no son un requisito indispensable. En su día a día, recopilan y limpian datos, analizan, construyen modelos predictivos, identifican patrones, tendencias y anomalías e interpretan los resultados para comunicarlos de manera clara y efectiva a diferentes personas en su centro de trabajo.

Estos análisis pueden utilizar *Real-world Data* (RWD), que son datos de la salud de pacientes, el tratamiento de sus enfermedades, esperanza de vida desde un diagnóstico, etc. Se obtienen dentro de la propia empresa a través de estudios de fase IV, estudios observacionales, datos públicos, o se compra a otras empresas, como Flatiron, Tempus, TriNetX, etc. Los análisis también incluyen otros datos como pueden ser de ensayos clínicos, número de pacientes reclutados por mes en diferentes ensayos clínicos de la empresa, reclutamiento de pacientes en diferentes países, venta de fármacos o de otros productos en cada país, etc. Estos datos pueden ayudar a diseñar ensayos clínicos, estudios observacionales, el plan de diversidad de un estudio (donde se establece el porcentaje de los diferentes grupos étnicos o razas que se espera reclutar), estrategias de reclutamiento de pacientes en los estudios, comportamiento del consumidor en la compra de alimentos o cosméticos, estrategias de venta o para identificar patrones en los tipos de clientes según sus compras.

Los científicos de datos se encargan de hacer la programación para que se puedan hacer todos los análisis que se quieran realizar y pueden preparar *dashboards* que pueden ser utilizados por otras personas de su centro, como médicos, epidemiólogos, desarrollo de negocio, operaciones, ventas, etc. También pueden utilizar tecnologías como Databricks o Spark para la gestión de *big data*. Recientemente han comenzado a utilizar plataformas de GenAI (*Generative Artificial Intelligence*) como ChatGPT, entre otras. Otro de los campos en los que se está extendiendo es en el análisis de texto y procesamiento de lenguaje natural (conocido en inglés como NLP, *Natural Language Processing*), que incluye la clasificación de documentos, extracción de información clave y comprensión del lenguaje natural.

El analista de datos (conocido en inglés como *data analyst*) tiene un papel crucial en la interpretación, análisis y visualización de datos en plataformas como PowerBI, Spotfire o Tableau para ayudar a las empresas a tomar decisiones informadas. Crean informes con gráficos y tablas que resumen los hallazgos para que se puedan entender mejor. Proporcionan recomendaciones (*insights*) basadas en los resultados del análisis para asistir en la toma de decisiones estratégicas. Estos *insights* pueden estar relacionados con la eficiencia operativa, la identificación de oportunidades de mercado y la mejora de los procesos, entre otros. Los analistas de datos, a diferencia de los científicos de datos, generalmente no hacen la programación del código, sino que utilizan las herramientas desarrolladas por los científicos para realizar sus análisis. Sin embargo, los analistas de datos conocen bien las necesidades del negocio para saber qué análisis tienen que realizar y cómo presentar los datos a las personas que van a tomar decisiones y acciones sobre esos resultados.

Cualidades

Los científicos y analistas de datos son muy rigurosos y ordenados a la hora de recopilar los datos, estructurándolos para que se puedan hacer diferentes análisis y representaciones gráficas. Tienen una gran capacidad de resolución de problemas. Los científicos de datos tienen conocimientos de estadística, programación y de bioinformática. Los analistas de datos son buenos comunicadores, ya que necesitan presentar los datos a diferentes personas.

Estudios profesionales necesarios

Para trabajar como científico de datos o analista de datos generalmente hay que haber estudiado una carrera de estadística, computación, matemáticas, ciencias (como Biología, Química, Bioquímica, Biomedicina, Biotecnología) o campos relacionados, aunque hay otros que vienen de otras carreras. Muchos de ellos han realizado un doctorado o másteres sobre la investigación clínica, ciencia de datos, estadística, informática, etc. Un título avanzado suele ser preferido para puestos de investigación o roles más técnicos y especializados. Los científicos de datos generalmente tienen que saber programar, mejor si saben en diferentes lenguajes como R y Python, entre otros.

12. Epidemiólogo – *Epidemiologist*

#controles #casos #análisis #prevalencia #riesgo

Trabajo que desempeña

Los epidemiólogos investigan la distribución, la frecuencia, los patrones y las causas de las enfermedades para reducir el riesgo y la aparición de resultados sanitarios que son perjudiciales para las personas. Un ejemplo de esto sería investigar si las personas con cáncer que toman betabloqueantes tienen menos riesgo de tener una recaída. También analizan estadísticas, como el porcentaje de cada tipo de tumor diagnosticado en el mundo, por país y por sexo (estadísticas de GLOBOCAN), factores de riesgo para enfermedades cardiovasculares, casos y mortalidad por COVID-19, etc. También hacen estudios estadísticos como el número de intervenciones clínicas (por ejemplo, el número de trasplantes de corazón al año), características clínicas (prevalencia de obesidad) a lo largo de los años en un país o región u otra información de interés (nacimientos y número de hijos por mujer). Trabajan en empresas, universidades, sistema sanitario y organismos gubernamentales, como por ejemplo el Centro Nacional de Epidemiología (CNE) o los Centers for Disease Control and Prevention (CDC) en Estados Unidos.

Los epidemiólogos desempeñan un papel crucial en la prevención y control de enfermedades a nivel comunitario y global. Planifican y gestionan estudios de casos y controles sobre problemas de salud pública para encontrar formas de prevenirlos o tratarlos, comunican los resultados que obtienen de sus análisis a los profesionales sanitarios, a los responsables políticos y al público general, y recogen y analizan información para encontrar las causas de las enfermedades u otros problemas de salud. Llevan un control de los brotes de enfermedades infecciosas como la gripe, el COVID-19, viruela del mono, etc. Evalúan la efectividad de intervenciones y programas de salud pública, como campañas de vacunación, programas de prevención de enfermedades y otras políticas de salud (uso de mascarillas, por ejemplo). También hacen estudios genómicos para comprender la variabilidad genética en las poblaciones y su relación con la susceptibilidad a enfermedades infecciosas o crónicas. Por ejemplo, el estudio hecho por la empresa deCODE genetics, que examinó el ADN de la población de Islandia, en donde se descubrieron factores de riesgo de diferentes enfermedades, así como algunas claves genéticas de la personalidad humana. Otra epidemióloga muy conocida es JoAnn Mason, que estudió el rol de la vitamina D, el omega-3 y el folato en la prevención de enfermedades cardiovasculares, diabetes y cáncer.

Uno de los estudios que realizan los epidemiólogos sobre medicamentos y otros productos comercializados se conoce como *Real World Evidence* (RWE), que es la evidencia derivada del análisis del *Real World Data* (RWD). RWD complementa la información recogida en estudios clínicos para obtener una imagen más completa de las poblaciones de pacientes.

Cualidades

Los epidemiólogos son muy organizados a la hora de recopilar los datos, estructurándolos para que se puedan hacer diferentes análisis y representaciones gráficas. Tienen grandes conocimientos de la materia que están haciendo los estudios e intervenciones para la prevención de enfermedades. También tienen ciertos conocimientos de estadística y son buenos comunicadores, ya que necesitan presentar los datos a diferentes personas.

Estudios profesionales necesarios

Los epidemiólogos han estudiado principalmente Biología, Medicina, Salud Pública, Farmacia, Enfermería Estadística, Psicología o Nutrición. Además, muchos de ellos cuentan con formación especializada de Medicina Preventiva y Salud Pública. Existen también másteres como Salud Comunitaria, Salud Medioambiental y Métodos de Investigación Clínica, que también preparan para este puesto.

13. Profesor de ciencias – *Science Teacher*

#enseñar #guiar #pizarra #colegio #instituto

Trabajo que desempeña

El profesor de ciencias de un colegio o instituto se encarga de la educación científica de adolescentes y jóvenes antes de que pasen a la educación superior o al mundo laboral directamente. Imparten las materias de Biología, Matemáticas, Química, Física o Ciencias de la Tierra y del Medioambiente. Son los encargados de dar una formación sólida en estas asignaturas para que tengan la base suficiente para empezar su carrera profesional, pero también que sean capaces de desenvolverse en situaciones del día a día que requieran estos conocimientos.

Los colegios e institutos siguen las directrices del Ministerio y Consejería de Educación para el plan de estudios y la planificación del temario de cada asignatura y normalmente eligen los libros de texto que se van a utilizar en sus clases de entre las diferentes editoriales que los ofrecen. También usan tecnologías para mejorar el aprendizaje, como tabletas y ordenadores, y plataformas educativas para el seguimiento del alumno.

En su día a día, los profesores asisten a reuniones con otros profesores (claustro), reuniones con los padres de los alumnos de su tutoría, imparten las clases, preparan y corrigen ejercicios para la clase y los de los exámenes. Dependiendo del colegio o del instituto, y de la ciudad en la que se encuentren, organizan prácticas en el laboratorio y visitas a acuarios, museos de ciencia o jardines botánicos. Algunos centros escolares tienen un huerto donde se reparten los cultivos de hortalizas y frutas entre las diferentes clases para que así cada alumno se pueda llevar algo a casa y para que cada año vean el crecimiento de un hortaliza o fruta diferente.

También existen profesores en academias privadas o que dan clases particulares en casas, para dar un apoyo extra a los estudiantes en las asignaturas de ciencias del colegio o instituto. Suelen ser profesionales que tienen otro trabajo y realizan esta actividad por las tardes, para obtener unos ingresos extras.

Cualidades

Los profesores de ciencias tienen vocación para la enseñanza y pasión por la materia que imparten, para que puedan inspirar y motivar el gusto por la ciencia, que es lo esencial en esas edades. Otra de sus cualidades indispensables es tener mucha paciencia, buena comunicación oral y ser organizado en los contenidos que va a enseñar a los alumnos. También es necesario que sepan imponer disciplina, ganarse el respeto y la confianza de sus alumnos, ya que son un referente para aquellos que deseen dedicarse profesionalmente a las ciencias de la naturaleza y de la salud.

Estudios profesionales necesarios

Para ser profesor de ciencias hay que estudiar una carrera científica (Biología, Química, Física, Matemáticas, Ambientales, etc.). Si se quiere trabajar en un colegio o instituto público, hay que hacer oposiciones y un máster de formación de profesorado, que te habilita para poder impartir clases.

14. Profesor de formación profesional – *Vocational teacher/Career and Technical Education Teacher*

#formaciónprofesional #prácticas #vocación
#especialización #capacitación

Trabajo que desempeña

Los profesores de formación profesional o de ciclos formativos de grado medio y superior preparan a los alumnos para que sean profesionales cualificados en materias científicas y sanitarias de profesiones que necesitan unas habilidades y conocimientos prácticos, para que puedan incorporarse al mundo laboral o para continuar su educación en niveles superiores. Como ejemplos de ciclos formativos sería el de análisis clínicos, control de calidad, auxiliar de enfermería, auxiliar de farmacia, técnico de anatomía patológica, técnico de radioterapia o técnico de química y salud ambiental.

En su día a día, se dedica a preparar lecciones que se ajusten a los objetivos del programa de estudio, impartiendo clases teóricas y prácticas para enseñar habilidades técnicas y conocimientos específicos del campo profesional. Corrige exámenes y ejercicios, revisa proyectos y evalúa presentaciones realizadas por los estudiantes durante el curso. Asesora sobre los diferentes requisitos académicos del programa y orienta a los estudiantes en las diferentes salidas laborales, para que puedan planificar su trayectoria profesional. Mantiene conexiones con profesionales que trabajan en diferentes sectores de la empresa para asegurarse de que el plan de estudios de los ciclos formativos refleja las necesidades del mercado laboral y para establecer prácticas en las diferentes empresas.

Los profesores de formación profesional tienen que mantenerse actualizados en las tendencias, avances y nuevas tecnologías en el campo profesional a través de la investigación y el desarrollo profesional continuo.

Cualidades

Los profesores de ciclos formativos de grado medio y superior tienen gran pasión por enseñar y formar a estudiantes para que inicien su vida laboral en un trabajo que les guste. Son muy buenos comunicadores y empáticos, se preocupan de que los estudiantes estén motivados en la especialidad que quieran hacer. Necesitan tener buenas aptitudes tecnológicas, ya que cada vez más se están empleando en la enseñanza.

Estudios profesionales necesarios

Para ser profesor de ciclos de formación profesional hay que haber estudiado una carrera universitaria o un ciclo profesional de grado superior relacionado con lo que se quiere impartir. Es necesario hacer oposiciones, ya que la mayoría de estos centros son públicos.

15. Profesor de universidad, Catedrático – *Lecturer, Professor*

#conocimiento #exámenes #educaciónprofesional
#plandeestudios #experto

Trabajo que desempeña

Los profesores de universidad y másteres se dedican a formar a personas para que puedan ejercer una profesión científica o sanitaria en el futuro. Parte de esta formación implica conocimientos técnicos, pero también orientar al estudiante hacia su futura profesión, aunque muchos centros cuentan con un orientador profesional, que les informa sobre las salidas laborales, becas para hacer investigación o prácticas en empresas.

En su día a día, los profesores planifican el curso, preparan e imparten sus clases y corrigen los ejercicios y exámenes finales. Tradicionalmente, los profesores han usado pizarras de tiza o blancas para la explicación de los contenidos, pero en estos últimos años se están utilizando pantallas en las clases y también plataformas educativas en la web para colgar vídeos hechos por ellos, material de apoyo, ejercicios y cuestionarios. También asisten a reuniones entre los profesores de la carrera en la que estén, para tomar decisiones sobre la planificación del contenido.

Dependiendo de la carrera, imparten también asignaturas prácticas en el laboratorio, en el campo (montaña, mar, río, etc.) o en el hospital. Muchos de los profesores de universidad son también investigadores, por lo que también se dedican a escribir proyectos para solicitar financiación a organismos públicos, privados, europeos o asociaciones y así poder llevarlas a cabo. Mantienen contacto con empresas y otros centros de investigación para colaborar en diferentes investigaciones. Muchos profesores universitarios y de máster dirigen tesis y participan en tribunales examinadores de otras tesis.

Existen profesores fijos y profesores adjuntos. Los profesores fijos trabajan a jornada completa en la universidad y son los que toman decisiones sobre la planificación de las diferentes asignaturas en cada carrera o ciclo, mientras que los profesores adjuntos realizan su actividad principal en otro lugar (hospital o empresa privada) y solo imparten alguna asignatura en el centro, no pudiendo tomar decisiones sobre el plan de estudios al que pertenecen. Los catedráticos de universidad (conocidos en inglés como *professor*) son profesores con el título de doctor que llevan varios años en la universidad y que han pasado una prueba selectiva para obtener este título. Los catedráticos realizan funciones similares a las de los profesores de universidad, pero también se encargan de la gestión del profesorado (contrataciones), del espacio, de la implementación de nuevos planes de estudios (por ejemplo, en plan Bolonia), de la oferta de estudios (incluir nuevos másteres), etc. Son máximos referentes en su especialidad científica o médica.

Realizan publicaciones en revistas científicas para dar a conocer sus investigaciones, escriben libros académicos, asisten y organizan congresos, simposios, imparten seminarios y cursos de especialización y se mantienen muy activos a la hora de conocer los últimos avances en su campo. Algunos también son consultados por la policía, ya que al ser expertos en su campo pueden ayudar a esclarecer ciertos aspectos científicos y médicos de la investigación policial.

Cualidades

Un buen profesor debe tener dirigida toda su labor docente a formar y orientar a los estudiantes para que tengan éxito en su futuro profesional. Esto pasa por diseñar un plan de estudios acorde con la realidad laboral que se van a encontrar y aplicar la metodología adecuada en la enseñanza de sus asignaturas. Transmiten su pasión por la materia que imparten. Es necesario tener buenas habilidades comunicativas para hablar en público a un gran número de personas y conectar con los alumnos. También deben saber hacerse respetar, pero a su vez mantenerse cercanos para que ellos se sientan cómodos participando en clase y preguntándoles sus dudas.

Estudios profesionales necesarios

Cualquier carrera científica y sanitaria da acceso a ser profesor de universidad del campo en el que se realicen los estudios. Es necesario hacer un máster, doctorado y, a ser posible, un posdoctorado, si es en un sitio diferente al que se hizo el doctorado, mejor. Si se quiere trabajar en una universidad pública hay que hacer oposiciones. Es importante tener publicaciones importantes, ya que hay que presentar los méritos.

Los profesores de másteres públicos tienen un recorrido similar, ya que muchos son profesores de universidad. Los de másteres privados muchas veces son profesionales que están trabajando en empresas.

16. Orientador laboral científico/ Asesor laboral científico – *Scientific Work Coach/Scientific Career Advisor/Scientific Employment Counselor*

#talento #consejo #marcapersonal #reinventarse #cambio

Trabajo que desempeña

El orientador laboral científico es una profesión relativamente nueva en lo que se refiere al puesto a tiempo completo como tal. Sus funciones las han estado desarrollando otros profesionales científicos y sanitarios que realizaban tareas de mentorización a otras personas, normalmente a estudiantes de su entorno y de forma desinteresada. En el ámbito escolar y universitario, existe la figura del orientador educativo, pero no todos los centros los tienen y además no pueden dedicarse personalmente uno a uno con todos sus alumnos. Sin mencionar que en colegios e institutos tienen un rol multidisciplinar, como es fomentar la importancia del estudio u orientar las salidas profesionales tanto de letras como de ciencias, entre otras muchas cosas. En las universidades, los orientadores académicos están más enfocados a las carreras de la facultad a las que pertenecen, pero la realidad es que no muchos estudiantes buscan su asesoramiento, posiblemente por desconocimiento de su presencia en la universidad más que por falta de interés.

A día de hoy, la gran mayoría de orientadores laborales científicos trabajan en ello a tiempo parcial, compaginándolo con su actividad profesional principal, como sería Rodrigo Hernández de Libertad Con Ciencia. Los pocos que trabajan a tiempo completo suelen ser autónomos (conocido en inglés como *freelancers*) o pertenecen a una empresa que ofrece estos servicios.

La función del orientador laboral científico es asesorar a personas que van a realizar cambios profesionales en su vida, ya sea tanto la elección de estudios como la de un nuevo trabajo. Ejemplos de esto es cuando un estudiante va a pasar del colegio o instituto a realizar una educación superior, cuando un académico valora dar el paso a la industria o cuando una persona quiere cambiar de profesión y no sabe cuál. El asesor científico es una especie de «psicólogo laboral», es decir, ayuda a la persona a autoconocerse, le muestra las diferentes salidas profesionales y le ayuda a identificar cuál o cuáles de ellas podrían encajar con su perfil profesional y su situación personal. El asesor científico parte de la base de que todos seremos buenos y felices en unas profesiones concretas y que la dificultad radica en conocerse bien a sí mismo y conocer todas las diferentes salidas profesionales para poder decidir exactamente dónde encajaría el perfil de cada uno.

Al igual que los psicólogos, los orientadores científicos dan herramientas para que, en el futuro, la persona pueda tomar decisiones por sí solo en lo que respecta a su vida laboral, si se vuelve a encontrar en una nueva encrucijada. También aconseja en diferentes asuntos, como la mejora del currículum, del perfil de LinkedIn, de cómo realizar una entrevista o qué páginas web hay para buscar trabajos científicos. En algunos casos, el orientador laboral científico también proporciona contactos a la persona que está mentorizando, para que le puedan informar y/u ofrecer el trabajo que le interesa.

Cualidades

El orientador laboral es muy optimista, con una gran capacidad de escucha y con mucho interés en ayudar a la persona a que se conozca y encuentre su camino profesional. Tiene que saber aplicar la metodología adecuada para que el mentorizado pueda descubrir sus virtudes y defectos, lo que se le da bien hacer y juntos explorar los diferentes puestos de trabajo que podrían encajar con su perfil y con sus gustos. Es importante también que le guíe sobre qué estudios, cursos, oposiciones u otros trabajos puede hacer para conseguir el puesto deseado.

Estudios profesionales necesarios

La mayoría de los orientadores laborales científicos han estudiado una carrera de ciencias y han trabajado en diferentes centros académicos y de la industria, habiendo conocido de primera mano muchas profesiones científicas y los requisitos para acceder a ellas. Algunos de ellos han hecho cursos para aprender métodos de *coaching* o mentorización. Otros son psicólogos y pedagogos que se han especializado en ayudar a científicos que quieren hacer una transición hacia la industria o que quieren cambiar de rol dentro de la industria.

17. Ilustrador científico – *Scientific Illustrator*

#lápiz #papel #boceto #dibujo #divulgación

Trabajo que desempeña

Los ilustradores científicos realizan las ilustraciones para apoyar la descripción de un texto científico sobre fisiología, anatomía, procesos biológicos, etc., que pueden estar en libros, artículos de revistas científicas y no científicas (por ejemplo, periódicos), vídeos, páginas web, guías, presentaciones o exhibiciones. Con sus imágenes facilitan enormemente la comprensión de conceptos científicos, especialmente los que son difíciles de entender o de los que no podemos tomar fotografías. Consiguen ilustrar lo mejor posible seres vivos y microorganismos extintos (mamuts, dinosaurios, neandertales, etc.) o descubrimientos muy recientes (como el COVID-19) a partir de las investigaciones sobre ellos. Los dibujos a veces pueden ir acompañados de algún texto (por ejemplo, el nombre de las partes de una flor, medidas de diferentes zonas) o llevan ampliaciones de diferentes partes del dibujo para mostrar sus detalles.

Algunas de estas ilustraciones se hacen a mano y luego se digitalizan, pero otras también se hacen directamente a ordenador usando tabletas y lápices digitales o con programas especiales, como por ejemplo los que diseñan moléculas u otros compuestos químicos (RasMol, ChemDraw). Un avance muy importante que se está dando en este campo es la realidad aumentada (conocido en inglés como *augmented reality*), siendo uno de sus usos la educación. Ejemplo de esto sería el diseño de corazones humanos en 3D, donde se puede ver mejor cada una de sus partes y cómo bombea la sangre cuando ocurre un latido.

Algunos ilustradores realizan este trabajo a tiempo parcial, siendo su trabajo principal otro, normalmente como docente o investigador. Los ilustradores a tiempo completo trabajan como *freelancers*, forman parte de una empresa o editorial que ofrece estos servicios o trabajan en museos, jardines botánicos, zoos, etc. También los hay que trabajan para empresas de *software* creando las figuras que los científicos pueden usar para diseñar sus propias ilustraciones, como BioRender o CellDesigner. Algunos complementan su trabajo impartiendo cursos en centros públicos y privados para formar a otros ilustradores. En España tenemos la organización Ilustraciencia, en la que fomentan la profesión del ilustrador científico, organizan premios a las mejores imágenes en diferentes categorías e imparten clases de ilustración científica, entre otras cosas.

Muchos científicos a lo largo de la historia se han valido de sus dotes en el dibujo para explicar mejor sus descubrimientos. Ejemplos de estos científicos artistas y alguno de sus libros son: Ernst Haeckel (*The History of Creation*, basado en los descubrimientos de Darwin), Santiago Ramón y Cajal (*Histología del sistema nervioso del hombre y de los vertebrados*), Robert Bateman (*The World of Robert Bateman, An Artist in Nature*), Nathaniel Wallich (*Plantæ Asiaticæ Rariores; or, Descriptions and Figures of a Select Number of Unpublished East Indian Plants*), Anna Maria Hussey (*Illustrations of British Mycology*, en el que colaboró también su hermana Frances Reed en las ilustraciones) o Sarah Frances Price (*Fern-collector's Handbook and Herbarium*), entre otros.

Otros eran artistas que colaboraron con científicos para la ilustración de sus obras, como Sarah Ann Drake, que hizo las ilustraciones de *The Orchidaceae of Mexico and Guatemala*, escrito por James Bateman, o de manera periódica en la revista *Botanical Register*; Georg Dionysius Ehret que colaboró estrechamente con Linneo, como en el libro *Species Plantarum*; Augusta Innes Withers, que ilustró *Pomological Magazine*, de John Lindley, o *The Botanist*, de Benjamin Maund; Sarah Lindley Crease (hija del botanista John Lindley), colaboró en la revista semanal de su padre, *The Gardener's Chronicle*; o Anne y su hermana Susannah Lister, que ilustraron los trabajos de su padre en *Historiae Conchyliorum*.

Cualidades

El ilustrador científico es un apasionado de la ciencia en todas sus vertientes: biología, botánica, zoología, micología, entomología, etc. Además, tiene que tener facilidad y creatividad para hacer dibujos, mezclar y elegir bien los colores, hacer un buen diseño y saber cómo visualizar la información que se quiere proporcionar. Es decir, crear figuras de gran valor científico y estético que generen impacto al lector porque son muy atractivas y fáciles de entender.

Si no tiene formación científica, necesitará adquirir conocimientos básicos de un tema en concreto para poder especializarse. Un ilustrador, además, puede llegar a conseguir un estilo (marca personal) muy característico que le permita distinguirse de los demás.

Estudios profesionales necesarios

Para ser ilustrador científico no es un requisito necesario haber realizado un grado profesional o una carrera universitaria como tal, aunque haber estudiado Biología, Medicina, Química,

Ambientales o Geología, entre otras, proporciona una visión y un contexto a la ilustración muy avanzado y te da contactos para poder iniciarte en este campo. La mayoría de los ilustradores científicos así lo han hecho y muchos de ellos han realizado después una formación específica en ilustración. Estos suelen ser cursos privados, aunque últimamente están apareciendo másteres de posgrado en universidades públicas que ofertan esta formación. Lo más importante para dedicarte a esto es que tengas pasión por la ciencia y que se te dé bien dibujar.

18. Editor – *Editor*

#artículo #libro #factordeimpacto #citas #referencias

Trabajo que desempeña

Los editores, en el contexto de este libro, son los responsables de las editoriales de publicaciones con contenido científico y clínico. Por un lado, serían las revistas donde se publican los resultados de experimentos, ensayos clínicos, casos clínicos, revisiones sistemáticas, metaanálisis, etc. Ejemplos de estas revistas serían: *Nature, Science, Cell, New England Journal of Medicine, Lancet* o *Journal of Biological Chemistry*. En estas revistas se decide la publicación de los resultados obtenidos y, una vez admitido el artículo, los revisores revisan el artículo para pedir cambios, aclaraciones o incluso realizar más análisis con los datos obtenidos.

Otro tipo de publicaciones científicas son los libros de texto escolares (utilizados en institutos y colegios) o académicos (libros de consulta para universitarios, investigadores y personal sanitario). El temario de los libros de texto escolares viene establecido por el Ministerio de Educación y están preparados por muchos autores, ilustradores y fotógrafos. Estos editores tienen que prestar atención a que sus libros sigan el temario marcado desde el Gobierno y que tengan un formato y unas imágenes atrayentes al lector joven. Los libros académicos están preparados en su mayoría por profesores de universidad, investigadores y profesionales sanitarios.

Por otro lado, existen también libros y revistas de divulgación científica. En España tenemos las revistas *Investigación y Ciencia* y *Mente y Cerebro*; otras muy conocidas internacionales son *National Geographic* (de Estados Unidos, pero se traduce a varios idiomas) o las inglesas *BBC Wildlife* o *BBC Science Focus*. Estas revistas tienen a escritores contratados permanentemente, pero también cuentan con escritores *freelance* o invitan a investigadores externos conocidos a realizar artículos de divulgación. En cuanto a libros de divulgación, hay cantidad de ellos sobre la vida salvaje, las flores, los insectos, los mamíferos, la fauna y flora española, etc.

Cualidades

Los editores tienen muchos conocimientos científicos, rigurosidad científica y atención al detalle. Son amantes de la ciencia y están muy interesados en su divulgación. Una cualidad muy importante de los editores es ser ágiles en comprender los artículos y los textos de los libros para la edición y revisión.

Estudios profesionales necesarios

Los editores suelen haber estudiado carreras científicas y sanitarias, pero también hay editores que han estudiado otras carreras como Periodismo, Administración y Gestión de Empresas, etc., y que tienen un interés por la ciencia y su divulgación.

19. Fotógrafo, Presentador de documentales, Productor de documentales – *Photographer, Documentary Presenter, Documentary Producer*

#cámara #grabación #reportaje #divulgación #ecología

Trabajo que desempeña

Los fotógrafos, en el contexto de este libro, trabajan para editoriales de revistas y libros, museos, zoos, jardines botánicos, empresas o como *freelancers* que se dedican principalmente a la divulgación de la vida salvaje, las plantas, la naturaleza y la ciencia. Ejemplos serían la realización de documentales para la revista de *National Geographic*, la editorial DK (también publica sobre otros temas no científicos) o la realización de páginas web de cualquier zoológico o jardín botánico. Algunos trabajan directamente para los zoológicos, realizando las imágenes de las exhibiciones, guías y publicaciones científicas que hagan los investigadores. También se encargan de gestionar las cámaras que están grabando continuamente a los animales, como sería por ejemplo la Giant Panda Cam del Smithsonian Zoo de Washington DC en Estados Unidos.

Los presentadores de documentales son los profesionales que graban y presentan los reportajes, pasando muchas horas al aire libre estudiando los comportamientos de los animales, los procesos de las plantas o la evolución de fenómenos atmosféricos, entre otras cosas. En muchas ocasiones, tienen que grabar en territorios fuera de su país y muy alejados de las zonas habitadas por las personas. También se graban reportajes en reservas protegidas con animales cautivos e incluso domésticos. Algunas han sido películas reconocidas, como *Microcosmos, Nómadas del viento* o *Vaca*, pero también hay muchos documentales que se emiten solo en la televisión pública o por cable. La mayoría de ellos se hacen para dar a conocer al público en general la naturaleza y la vida salvaje, pero muchos también, de manera directa o indirecta, nos hacen reflexionar sobre el impacto que tiene la actividad humana en el medioambiente y los seres vivos que viven en él. Otros documentales conocidos son *Planeta Azul, Lo que el pulpo me enseñó, Origins of Us, Hongos fantásticos, White Wilderness* y *El desierto viviente*. También realizan documentales sobre la vida de científicos o médicos, la historia del descubrimiento de un fármaco o el desarrollo de una nueva tecnología científica.

La mayoría de las veces se graban los documentales con la voz superpuesta (lo que se conoce como voz en *off*) y muchas tienen música clásica de fondo. Hay veces que el reportero hace de presentador y va explicando todo lo que va apareciendo en el documental sobre la naturaleza. Ejemplos de ellos son el español Félix Rodríguez de la Fuente, el francés Jacques Cousteau o el inglés David Attenborough. También existen documentales en los que se habla sobre una enfermedad, un descubrimiento científico, alimentación o psicología, y estos incluyen también entrevistas a investigadores, médicos o pacientes y visitas a diferentes centros de investigación. Ejemplos de documentales, películas y series serían *La penicilina: una revolución médica, The Turning Point* (alzhéimer), *En pocas palabras* (serie que explica diferentes descubrimientos científicos de manera concisa), *Naturaleza humana* (técnica CRISPR), *Seaspiracy* (pesca insostenible), *Food Choices* (dieta saludable) o *Anima* (psicología).

Los productores también son personas muy interesadas en la divulgación de la ciencia y de la naturaleza que dirigen una productora para poder asumir el peso económico y de edición de los vídeos para que el documental tenga una calidad visual y narrativa adecuada. Los propios reporteros suelen hacer el guion del documental junto con los productores y por tanto deciden dónde lo van a grabar.

Cualidades

Los fotógrafos, reporteros, presentadores y productores son amantes de la naturaleza, de los seres vivos, de la ciencia y de la medicina. Son investigadores que buscan dar a conocer sus descubrimientos y su pasión por el medio natural a través de imágenes y vídeos. Son también ecologistas, con su labor buscan proteger los ecosistemas de la contaminación humana, de la caza y de la construcción de carreteras y edificios. Todos ellos son personas muy observadoras, pacientes y con muy buena forma física.

Estudios profesionales necesarios

Muchos fotógrafos, reporteros y presentadores de documentales han estudiado una carrera de ciencias y posteriormente han querido desarrollar su labor investigadora plasmándolo en los documentales. Algunos han realizado cursos de fotografía, de oratoria o de presentación en público para conseguir un buen resultado en este trabajo. Para ser productor no es necesario haber estudiado una carrera de ciencias, pero sí que es necesario tener pasión por la ciencia y la naturaleza y haber leído mucho sobre ello.

20. Divulgador científico – *Scientific Communicator/ Scientific Disseminator*

#educar #difundir #motivar #público #analogías

Trabajo que desempeña

El divulgador científico es aquel profesional que explica conceptos científicos de manera sencilla al público en general, a través de la simplificación y el uso de metáforas, analogías y ejemplos. El modo de hacer divulgación puede ser muy variado: a través de charlas, entrevistas, reportajes, documentales, vídeos de YouTube, artículos, juegos, obras de teatro, monólogos, webs/ blogs, ferias de la ciencia, etc. No hay que confundir este trabajo con los artículos en las revistas académicas en las que los científicos difunden sus conocimientos a otros científicos usando un lenguaje muy técnico y explicando sus experimentos al detalle.

Normalmente la labor que realizan es de difusión de conocimientos generales científicos y educación de las personas, pero en ocasiones se busca también entretener al público para que este disfrute aprendiendo. Un ejemplo sería el grupo de teatro Big Van Ciencia.

Muchos de los divulgadores científicos tienen otro trabajo principal, como profesor de universidad, psicólogo o médico, y a mayores escriben libros, imparten charlas o realizan entrevistas. Algunos de estos divulgadores son personas muy carismáticas que llegan a ser famosos, teniendo muchos seguidores. En España tenemos divulgadores científicos de diferentes disciplinas, como Marian Rojas Estapé (psicóloga), Ignacio Sánchez

Medrano (neurólogo), Bárbara de Aymerich Vadillo (química), Mario Alonso Puig (cirujano), Gemma del Caño (farmacéutica especializada en alimentación), Álvaro Luna (ambientólogo), Alfredo Correll (inmunólogo), Lucía Almagro Ruiz (biotecnóloga) o José Antonio López Guerrero (biólogo).

En estos últimos años, hay muchos profesionales que están realizando vídeos cortos para colgarlos en YouTube o Instagram o hacen sesiones en directo en estas plataformas. Algunos ejemplos serían DeborahCiencia (Deborah García), C de ciencia (Martí Montferrer) o Hiperactina (Sandra Ortonobes). Para otros es su trabajo principal, como podrían ser los productores y presentadores de documentales, editores de revistas y libros, etc.

Cualidades

El divulgador científico es carismático, con don de gentes, con muchos conocimientos científicos y con ganas de compartirlos con la sociedad. Tienen un vocabulario rico, son muy buenos comunicadores (oral y/o escrito), son personas creativas, con mucha imaginación, que buscan ejemplos prácticos de la vida para que el público general pueda entender conceptos científicos.

Aquellos que se dedican más a los formatos gráficos, como puede ser el dibujo o la fotografía, tienen que tener buen ojo y talento para ello. Por otro lado, los que se dedican a hacer obras de teatro o documentales tienen que tener muy buena oratoria y no tener miedo a hablar en público. Aquellos que se dedican a grabar vídeos cortos, tienen conocimientos de la edición de vídeos y son capaces de cortar escenas y añadir vídeos, imágenes o sonidos superpuestos a la grabación principal.

Estudios profesionales necesarios

Normalmente el querer divulgar la ciencia de una manera sencilla surge de personas que han estudiado una carrera científica. También hay muchos periodistas o especialistas en comunicación y publicidad que se interesan por la ciencia. Para muchos de ellos, la divulgación se hace por placer y/o por entretenimiento y para otros como modo de vida. Los hay que han hecho cursos de dibujo, oratoria, teatro, escritura, fotografía o diseño gráfico.

21. Gestor de muestras – *Sample Manager*

#sangre #tubos #tejido *#requisition* #basededatos

Trabajo que desempeña

El gestor de muestras se encarga de la recepción, organización, registro, almacenamiento y eliminación de muestras biológicas. En un hospital o laboratorio de análisis clínicos, organiza y gestiona muestras que se van a analizar en el día, provenientes de las analíticas diarias, pruebas de orina, etc. También se encargan de aquellas muestras que tardan varios días en analizarse, ya que no son muy habituales, como la valoración de autoanticuerpos o pruebas enzimáticas, así como las muestras que ya se han analizado, que se suelen guardar unos días por si hubiera alguna incidencia. Siguen unos protocolos de seguridad, ya que en la mayoría de los casos desconocen si las muestras tienen virus o bacterias. Después de que se han realizado las pruebas pedidas y se ha guardado el tiempo necesario, estas se desechan en contenedores especiales y dependiendo del tipo que sea irán a un sitio o a otro.

También hay gestores de muestras en un hospital para gestionar las provenientes de ensayos clínicos o de proyectos de investigación, creando bibliotecas llamadas serotecas (suero sanguíneo), plasmatecas (plasma), ADNtecas (ADN), ARNtecas (ARN), bancos de biopsias (tejidos), etc. Estos gestores, además de todo lo anterior, se encargan de llevar la base de datos, del envío de las muestras a los proveedores (conocidos como *vendors*) del ensayo clínico u otros centros académicos para colaboraciones.

En los proveedores y laboratorios farmacéuticos, los gestores de muestras reciben los envíos de los hospitales que participan en el estudio, las registran y las distribuyen por ensayo clínico y por tipo de prueba (farmacocinética, biomarcadores, estudio genético, etc.) para su almacenaje hasta que se realice la prueba. Conocen los tiempos máximos que puede estar guardada una muestra para las diferentes pruebas. También revisan que en el informe que ha enviado el hospital junto con las muestras (conocido en inglés como *requisition*) no falta nada o no hay ningún error y revisan qué muestras faltan de enviar según el protocolo y las visitas reportadas en el cuaderno de recogida de datos.

También hay empresas que recogen muestras de diferentes órganos del cuerpo de personas sanas durante su vida o a su fallecimiento (previo consentimiento del difunto en vida o de la familia) y de otros animales para que puedan usarse en los experimentos científicos.

Dependiendo del lugar donde trabajen, los gestores de muestras trabajan conjuntamente con los técnicos de laboratorio, biólogos sanitarios, investigadores, coordinadores de ensayos, enfermeros, científicos de desarrollo o gestores de proyectos.

Cualidades

Los gestores de muestras tienen una gran capacidad de organización, ya que el número de muestras que pasan por sus manos y que tienen que recoger en su base de datos puede llegar a ser muy grande. También tienen conocimientos sobre el procesamiento del material biológico, las temperaturas de almacenaje para cada tipo de muestra, los diferentes tubos en los que se recogen y cómo debe ser su manejo.

Estudios profesionales necesarios

Para ser gestor de muestras hay que estudiar al menos un grado profesional medio o superior relacionado con análisis de muestras, anatomía patológica o de laboratorio. Muchos han estudiado carreras científicas como Biología, Bioquímica, Química, Biomedicina o Ambientales.

22. Gestor de datos/ Gestor de entrada de datos – *Data Manager (DM)/Data Entry (DE)*

#*query* #CRF #documentosfuente #adendas #cortededatos

Trabajo que desempeña

El gestor de datos o *data manager* se dedica principalmente a la gestión de datos que se generan en los ensayos clínicos, estudios observacionales y proyectos de investigación. En España se conoce normalmente por el nombre de *data manager*. Trabajan tanto en la industria como en hospitales y algunos también en la universidad.

El *data manager* en los hospitales surgió en centros con muchos ensayos clínicos y con muchos pacientes incluidos, donde el coordinador o enfermero de ensayos clínicos no podía dedicarse a todas las actividades del estudio, en especial a la compleción del cuaderno de recogida de datos electrónico (más conocido por sus siglas en inglés CRF). El *data manager* se encarga de transcribir la información de la historia clínica al CRF y resolver las *queries* que les pone el *sponsor* o promotor del estudio en el CRF. Muchas veces tienen que pedir adendas a los médicos para que incluyan aquella información que falta de la visita o informar de parámetros que pide el CRF que han pasado desapercibidos al resto del equipo médico. Hace el seguimiento completo de los efectos adversos (AE y SAE), actualizando la graduación que aparece en la historia clínica (que se basan en la guía CTCAE o en otro sistema de graduación dependiendo de la patología de estudio), los nuevos hallazgos, procedimientos que se le hacen al paciente y respondiendo a las *queries* del equipo de seguridad de la empresa. También se suele encargar de programar las visitas de monitorización y de atender al monitor la mayor parte del tiempo que está en el centro. La mayoría de los hospitales tienen un jefe de unidad de ensayos, que es tanto para coordinadores como para gestores de datos, y se encarga de repartir los ensayos entre ellos, mejorar los circuitos del hospital y hacer las gestiones para implementar nuevos ensayos al hospital, entre otras muchas cosas.

En la industria farmacéutica y CRO, el *data manager* se encarga de revisar los datos que han introducido en el CRF todos los hospitales que participan en el estudio, establecer los *edit checks* con los programadores (reglas automáticas para detectar errores o falta de información para que salga una *query* automática), revisar como se está haciendo la codificación de Medicaciones y procedimientos médicos (usando los *preferred terms* del diccionario MedDRA y el código ATC del diccionario WHO) y chequear algunos campos manualmente para pedir cambios a los centros. También se encargan de poner y hacer el seguimiento de las *queries* del equipo médico de la empresa si por procedimientos internos estos no las añaden directamente en el CRF, sino en documentos intermedios. Los jefes de los *data managers* en la industria participan en el diseño del CRF, crean las *data entry guidelines* (también conocidas como CRF *completion guidelines*), gestionan la migración de los datos, la resolución de dudas de CRA y de los hospitales, etc.

Cualidades

El *data manager* que trabaja en el hospital es muy ordenado y metódico, ya que maneja muchos documentos fuente (conocidos en inglés como *source documents*), y tiene que llevar un control de las visitas que ha introducido y las que le faltan por introducir en el CRF. Cuanto mejor conozca la patología, mayor será la calidad de los datos que registre, por lo que es importante que adquiera esta formación clínica cuanto antes. También es necesario tener un buen nivel de inglés, ya que prácticamente todos los estudios se recogen en este idioma.

Los *data managers* de la industria son también muy ordenados y metódicos, pero suelen manejar más bien muchos documentos electrónicos y programas que documentos en papel. Es importante que entiendan un poco de programación, ya que trabajan muy de cerca con los programadores de la empresa, y que comprendan mínimamente el ensayo clínico para poder estructurar la recogida de datos en el CRF.

Estudios profesionales necesarios

La mayoría de los gestores de datos son personas que han estudiado una carrera universitaria relacionada con la ciencia, pero no es un requisito necesario. Otros tienen una formación profesional de grado medio o superior en Análisis Clínicos, Anatomía Patológica o incluso Administración.

23. Coordinador de ensayos clínicos – *Clinical Research Coordinator (CRC)/Study Coordinator (SC)*

#investigaciónclínica #protocolo #procedimientos
#efectosadversos #buenasprácticasclínicas

Trabajo que desempeña

El coordinador de ensayos clínicos (conocido por las siglas en inglés CRC o SC) trabaja en los hospitales llevando la gestión de las visitas, la programación de las pruebas y tratamientos, el reporte de los efectos adversos serios (conocidos en inglés como SAE, en algunos casos también los de especial interés, en inglés AESI) y el acompañamiento emocional del paciente a lo largo del ensayo. También llevan el registro de todos los datos si no tienen *data manager*. Conoce muy bien el protocolo, siendo el punto de consulta por parte del paciente, del resto del personal investigador y del monitor. Lleva el mantenimiento y actualización del archivo del investigador (en inglés TMF) y la preparación de auditorías e inspecciones.

Dependiendo de cómo estén organizados en el hospital, del número de ensayos que haya, del tipo de patología, de la complejidad del estudio y del número de pacientes que se espera reclutar, así estarán divididas las tareas entre el coordinador y el resto de los miembros del equipo. Hay veces que el coordinador también hace las tareas propias del enfermero del ensayo y/o *data manager*, pero en centros con muchos ensayos y pacientes, normalmente no hace estas tareas porque existen esas figuras. También en algunos centros, la entrega y recepción de medicación oral y diarios de medicación lo hacen los coordinadores, mientras que en otros centros lo hacen los farmacéuticos. La gestión de los kits de enfermería (las cajas donde vienen los tubos para las diferentes muestras que hay que sacar en cada visita) y el procesamiento y envío de muestras también son repartidos de manera diferente en centros que tienen la figura del enfermero de ensayos. Los coordinadores de fases I suelen participar en las reuniones regulares de seguridad (*safety calls*) del *sponsor* junto con el investigador principal, donde cada centro comenta los efectos secundarios observados para darlos a conocer al resto de los investigadores y al promotor del estudio.

La mayoría de los ensayos clínicos que llevan son con medicamentos, algunos de ellos personalizados, como las CAR-T *cells* o los TIL (ver «Ingeniero de bioprocesos») para pacientes con cáncer, siendo estudios de gran complejidad y con mucho personal involucrado. Otros ensayos menos comunes son de intervenciones quirúrgicas, dispositivos médicos (válvulas del corazón, catéteres, etc.), productos sanitarios y aparatos de diagnóstico. Hay también ensayos de complementos nutricionales y dietéticos, productos de estética, ortopedia y odontología, así como para animales (ensayos clínicos veterinarios). Normalmente trabajan en ensayos promovidos por la industria farmacéutica o de aparatos médicos, pero también pueden llevar a cabo ensayos académicos, estudios observacionales y proyectos internos de los investigadores de su hospital. Estos últimos pueden ser desde la recogida de información en una base de datos y/u obtención de muestras hasta un ensayo clínico con intervención médica.

El coordinador participa en las reuniones de departamento para comentar las visitas próximas de los pacientes de los ensayos con los médicos y enfermeros y en las reuniones de la unidad de ensayos clínicos para comentar las incidencias recientes y evaluar posibles mejoras en los circuitos de los ensayos en el hospital. Cuando el trabajo lo permite, asisten a formaciones, charlas y congresos sobre diferentes temas relacionados con el trabajo de coordinador y la especialidad médica en la que trabajan. También asisten a las reuniones de investigadores (llamadas *investigator meetings*) que organiza el laboratorio para presentar el nuevo ensayo. Normalmente estas reuniones solían ser presenciales, pero desde la pandemia del COVID-19 muchas se siguen haciendo de manera virtual. En un estudio fase III normalmente se hacen varias en diferentes continentes dependiendo del tamaño del estudio y del número de países que participan. A veces se hacen reuniones específicas para un país en concreto (como, por ejemplo, China), para hacerlo en el idioma local y así generar más compromiso con el estudio entre los investigadores. Para los estudios de fases I-II se suele hacer solo una reunión a nivel mundial.

También existen coordinadores de imágenes de los ensayos clínicos, que gestionan las imágenes de resonancias magnéticas, TAC, ECG, etc., tanto en el hospital (o centro donde se realizan las imágenes) como en la industria/CRO.

Cualidades

Los coordinadores de ensayos clínicos son muy organizados y metódicos, con conocimientos sobre las buenas prácticas clínicas (conocidas en inglés como GCP) para la gestión de un ensayo dentro del hospital y con buenas habilidades de comunicación con el personal investigador. Es necesario ser muy empático, con una gran dedicación hacia el paciente para una buena atención clínica y emocional. También es muy importante tener un buen nivel de inglés, ya que muchos de los documentos y comunicaciones con el promotor del estudio están en este idioma.

Estudios profesionales necesarios

Para realizar esta profesión hay que estudiar una carrera científica o un grado de formación profesional y en algunos centros suelen pedir un máster o un curso de especialización en ensayos clínicos. La mayoría de ellos han realizado las carreras de Biología, Bioquímica, Biomedicina y Farmacia y, en menor medida, los hay que han estudiado otras carreras, como por ejemplo Veterinaria, Fisioterapia, Química, Nutrición y Dietética o Psicología. Algunos trabajan en ensayos muy relacionados con su carrera, como los psicólogos en ensayos de enfermedades neurodegenerativas, o fisioterapeutas en ensayos de traumatología. Los que han hecho una formación profesional de grado medio o superior suele ser de Técnico en Imagen para el Diagnóstico, Análisis Clínicos o Anatomía Patológica. Los que trabajan como enfermeros y también realizan tareas de coordinación de ensayos han estudiado Enfermería.

24. Monitor de ensayos clínicos, Asistente de ensayos clínicos – *Clinical Research Associate (CRA), Clinical Trial Assistant (CTA)*

#efectosadversos #desviacióndeprotocolo #comitédeética
#documentación #agenciaregulatoria

Trabajo que desempeña

El monitor de ensayos clínicos (conocido por sus siglas en inglés CRA) trabaja para la industria farmacéutica, de dispositivos médicos, de diagnóstico y para las CROs, donde se encarga de monitorizar ensayos clínicos que se abren en los diferentes hospitales participantes. Los hospitales también cuentan con monitores que forman parte de la CRO académica, conocida como ARO, que gestionan ensayos clínicos promovidos por investigadores académicos.

Organizan la visita de inicio en cada hospital, donde se encargan de asegurarse de que todo está listo para empezar el ensayo, por lo que revisan que haya llegado el archivo del investigador (TMF), las tabletas, los kits de enfermería, el fármaco, etc., y que el personal tiene acceso a las plataformas del estudio (CRF, IWRS, etc.). Las monitorizaciones se llevan a cabo principalmente cuando se visita al hospital, donde se revisan los documentos fuente (el documento donde el personal sanitario recoge la información) y se contrasta con la información introducida en el cuaderno de recogida de datos electrónico (CRF). Especialmente importantes son la revisión de los criterios de inclusión y exclusión, los efectos adversos (AE y SAE) y su graduación según la versión vigente de las CTCAE (o el sistema que aplique) y las medidas de eficacia del estudio. En las visitas se resuelven dudas o temas pendientes con el gestor de datos, coordinador, enfermeros e investigador del ensayo. También van a la farmacia para hacer el recuento de la medicación devuelta, lo comparan con el diario de medicación (*compliance*) para comprobar la adherencia y después proceden a su destrucción. Después de cada visita, el monitor realiza un informe de monitorización donde se recoge todo lo que ha hecho, los hallazgos encontrados (si los hubiese) y las acciones pendientes. Esta información se proporciona de forma resumida al hospital visitado en forma de carta de seguimiento (*follow-up letter*), para que el centro tenga constancia de ellos y los pueda realizar en cuanto sea posible. Al acabar el ensayo se realiza la visita de cierre, en donde se revisa que se hayan devuelto tabletas y otros materiales proporcionados por el *sponsor*, y que toda la documentación esté en cajas para que estas se guarden durante el tiempo que marque la ley vigente (normalmente veinticinco años).

En estos últimos años se ha empezado a implantar la monitorización a remoto, donde el monitor se puede conectar desde su casa a un ordenador del hospital para acceder al sistema de historias clínicas. Este sistema de acceso remoto solo permite verificar los pacientes del estudio que lleva y la información clínica que es relevante para el ensayo.

En la mayoría de las empresas, se intenta al máximo que los monitores lleven ensayos de las mismas patologías y se encarguen de los hospitales que estén en la región donde viven, pero a veces, por necesidades de la empresa, esto no es posible. Igualmente, siempre tendrán que hacer varios viajes al mes, ya que el trabajo se reparte por ensayo, no por hospital, y porque hay ciudades que no tienen monitores locales.

El asistente de ensayos clínicos (más conocido por sus siglas en inglés CTA) se encarga de ayudar a los gestores de proyectos en la solicitud de la aprobación del ensayo clínico en el país donde se va a llevar a cabo, por parte de las agencias reguladoras y por los comités de ética. La preparación de esta documentación a veces recae parcial o totalmente sobre el asistente de ensayos clínicos. Además de preparar la documentación, hace el seguimiento por si solicitan aclaraciones. Gestiona también que el protocolo y el consentimiento informado esté en el idioma del país y prepara, revisa y envía el archivo del investigador (conocido en inglés como TMF) con toda la documentación y aparatos tecnológicos necesarios a cada centro según el compromiso de pacientes. También prepara los contratos con los diferentes hospitales que van a participar en el ensayo y ayuda al monitor con la memoria económica de cada hospital y los pagos correspondientes.

Cualidades

Los CRA y CTA son muy organizados, ya que gestionan gran cantidad de documentación, de datos clínicos y económicos. Tienen que tener don de gentes y saber comunicarse con los miembros del equipo investigador. Los CRA son muy resolutivos, debido a que surgen diversos problemas durante el transcurso del ensayo que deben resolverse rápidamente para que el paciente no se vea afectado. Tienen que ser muy rigurosos con el protocolo y el seguimiento de las buenas prácticas clínicas para identificar las desviaciones y su gravedad, también entendiendo y contextualizando que el ensayo se realiza con personas y que existirán desviaciones en el protocolo.

Estudios profesionales necesarios

Es necesaria una carrera universitaria relacionada con el campo de la biología y la medicina: Biología, Farmacia, Bioquímica, Química, Veterinaria, etc. Se necesita en la mayoría de las veces haber realizado un máster de Monitorización de Ensayos Clínicos, aunque en algunos casos no es necesario si se tiene experiencia en este campo (por ejemplo, si se ha trabajado como coordinador o gestor de datos). Es común también empezar como CTA para ganar experiencia y luego pasar a CRA.

25. Gerente de ensayos clínicos, Gestor del estudio, Líder del estudio – *Clinical Research Manager (CRM), Clinical Trial Manager (CTM)/Clinical Trial Lead (CTL), Study Lead*

#viabilidad #estrategia #plandemonitorización
#agenciaregulatoria #contrato

Trabajo que desempeña

El gerente de ensayos clínicos (conocido por sus siglas en inglés como CRM) trabaja en la industria farmacéutica y se encarga de implantar el plan de monitorización del ensayo en su país, repartir y revisar la carga de trabajo de los monitores, contratar a nuevos monitores y establecer relaciones con los investigadores, entre otras actividades. Se suele encargar de problemas que haya con los centros (por ejemplo, si tienen muchas desviaciones), de valorar si dan el apoyo con un gestor de datos externo, de preparar auditorías, etc. Existe también otro tipo de gestores del estudio regionales, que en inglés se los conoce como *Clinical Trial Manager* (CTM) o *Clinical Trial Lead* (CTL). Coordinan y hacen seguimiento para que se lleven a cabo correctamente los procedimientos del estudio y están en constante comunicación con el equipo global para las enmiendas, los cortes de datos, etc. Es decir, conocen muy bien el protocolo y son el punto de contacto inicial para las dudas que tienen las monitoras en la parte operacional. También coordinan la preparación de la documentación para la aprobación del ensayo y la contabilidad de los pagos de las visitas y pruebas de pacientes realizadas en cada hospital.

Los CTM o CTL dan apoyo al líder del estudio o *study lead*, que es el responsable final de toda la logística de operaciones del estudio a nivel global. El *study lead* coordina a todas las personas del equipo global que se encargan de una parte del estudio: gestores de muestras, gestor de imágenes, responsable del IWRS, gestores de datos, estadista, equipo clínico, equipo de seguridad, gestor de evaluación de riesgos y gestor de la medicación, principalmente. Va informando de la preparación del estudio, qué documentos y planes hay que preparar y va haciendo el seguimiento de que estos documentos estén revisados por todos y finalizados. Organiza las reuniones para la revisión continua de las desviaciones en el estudio, de la revisión de la estratificación de los pacientes, etc. También es la persona que va marcando y comunicando a los equipos locales los tiempos de preparación para los cortes de datos del análisis intermedio y del análisis final, la que informa de las decisiones globales, la que gestiona los riesgos, etc.

Cualidades

Los gerentes de ensayos clínicos, gestores del estudio y *study lead* son personas muy organizadas que tienen que manejar gran cantidad de información, cantidad de números y cantidad de contactos (monitores, investigadores, etc.). Tienen que tener muy buen don de gentes, saber comunicar las acciones correspondientes y ser efectivos a la hora de solucionar los problemas.

Estudios profesionales necesarios

En la mayoría de los casos se necesita una carrera universitaria científica o asistencial. Muchos llegan a este puesto por carrera profesional, es decir, por haber trabajado muchos años como coordinador de ensayos, CTA o CRA. Algunos han hecho un máster relacionado con los ensayos clínicos (que da el acceso a la posición de CRA), de gestión de proyectos (PMP) o un MBA. También es posible acceder a partir de un grado profesional medio o superior si se acumulan muchos años de experiencia en diferentes roles de ensayos clínicos (especialmente de monitor).

26. Redactor médico/Redactor científico – *Medical Writer/Scientific Writer*

#escribir #artículo #protocolo #informaciónmédica #comunicar

Trabajo que desempeña

El redactor médico o científico asiste a la redacción de documentos que se utilizan para la gestión de la investigación, la divulgación de resultados médicos y científicos y la publicación de experimentos, ensayos clínicos y estudios de otro tipo, como los observacionales o epidemiológicos. Una de sus funciones principales es asegurarse de que el documento cumple con los requisitos de formato y lenguaje del tipo de documento que sea en cuestión (por ejemplo, protocolo de un ensayo clínico, solicitud de aprobación de la agencia regulatoria, artículo científico, consentimiento informado, etc.).

El redactor médico puede trabajar en la academia, industria, periódicos, empresas dedicadas a dar estos servicios o como *freelancer*. Los puestos académicos suelen ser menos habituales, ya que normalmente son los propios investigadores quienes escriben los artículos de sus investigaciones y los proyectos para solicitar las becas y premios, generalmente con la ayuda de los *project managers*. A veces contratan los servicios de un *freelancer* o de una empresa que ofrece este servicio. En la industria farmacéutica y CRO, asisten principalmente a la redacción de los documentos que se usan en los ensayos clínicos (protocolo, consentimiento informado, manual del investigador —IB o *investigator brochure*—), así como a los documentos regulatorios (CSR, DSUR, PSUR, etc.) y a las publicaciones de los resultados. Las empresas que se dedican a dar este servicio o personas *freelancer* suelen dedicarse a un tema en particular: asuntos regulatorios, artículos de los resultados de los ensayos, folletos de *marketing*, etc.

En las publicaciones científicas y *abstracts* para congresos de investigaciones financiadas por la industria, el redactor médico coordina la elección de autores y se asegura de que se siguen las buenas prácticas de publicación (BPP, en inglés GPP) y las recomendaciones internacionales del comité de editores médicos (ICMJE). También coordina la elección de la revista o congreso, la revisión del escrito por parte de los autores y realiza el envío del manuscrito según los tiempos que marca la revista o congreso.

Cualidades

Una de las cualidades más importantes del redactor médico es tener buenas dotes para la escritura, es decir, redactar textos gramaticalmente correctos, con una estructura coherente y usando las palabras adecuadas. Los que se dedican a asistir a investigadores en sus artículos necesitan tener conocimientos generales sobre una gran variedad de temas científicos y médicos para que puedan entender los experimentos y realizar textos científicamente correctos. Los que se dedican más a la redacción de documentos regulatorios necesitan conocer el vocabulario técnico que se utiliza en este contexto y la regulación sobre el formato de los documentos. Es importante que puedan entender conceptos estadísticos y saber cuáles son las diferentes gráficas que se utilizan para dar a conocer los resultados de ensayos clínicos. Por otro lado, tienen que saber buscar, organizar y referenciar diferentes publicaciones para la bibliografía del documento.

Estudios profesionales necesarios

Para ser redactor médico, por lo general hay que tener una carrera universitaria científica o médica, especialmente si se quiere trabajar en la industria farmacéutica. Aunque no es un requisito, si se tiene experiencia en diferentes roles de los ensayos clínicos o como *project manager*, se tendrán más facilidades para realizar este trabajo, ya que se habrán conocido de manera indirecta los requisitos de cada tipo de documento al haberlos usado en el trabajo.

27. Auditor, Inspector –
Auditor, Inspector

#revisión #hallazgo #procedimientosdetrabajo
#registrodecambios #firmas

Trabajo que desempeña

Los auditores e inspectores se encargan de revisar un centro de trabajo para valorar si está realizando sus actividades según lo marca la ley vigente. Estos centros serían hospitales, fábricas de una empresa farmacéutica, aparatos médicos, procesado de alimentos, cosmética, industria química, etc. Los hospitales y las empresas farmacéuticas que realicen ensayos clínicos tienen que cumplir, según aplique, las buenas prácticas clínicas (BPC o en inglés GCP), de laboratorio (BPL o en inglés GLP), de fabricación (NCF o en inglés GMP), de distribución (BPD o en inglés GDP), normas ISO o cualquier normativa de su país que aplique a la actividad que realizan. Los auditores trabajan para empresas (normalmente en el departamento de calidad) y los inspectores trabajan para el Gobierno, muchos de ellos en la Agencia Española de Medicamentos y Productos Sanitarios (AEMPS), la Agencia Española de Seguridad Alimentaria y Nutrición (AESAN), el Ministerio de Agricultura, Pesca y Alimentación o el Ministerio de Industria, Comercio y Turismo. A nivel internacional, los inspectores pueden trabajar en agencias regulatorias, como por ejemplo la europea (EMA) o la americana (FDA).

En un hospital, los auditores van a revisar un ensayo que ha elegido la empresa farmacéutica, normalmente porque ha sido los que han incluido al primer paciente (fase I), ha tenido muchos efectos secundarios serios, ha sido de los máximos reclutadores en el estudio y/o porque ha tenido muchas desviaciones mayores (no haber seguido el protocolo en puntos importantes definidos por la empresa o no haber seguido las GCP en algún momento). Los inspectores de las agencias regulatorias también revisan ensayos clínicos en los hospitales, suelen ser estudios fase I (especialmente los que se prueban por primera vez en humanos, *first time in human*) o estudios fase III en los que se está en proceso de registrar la molécula para su aprobación. También existen inspecciones en los laboratorios de análisis clínicos del hospital o anatomía patológica para valorar sus procedimientos normalizados de trabajo y si se están cumpliendo las normas ISO vigentes.

Las empresas farmacéuticas también realizan auditorías a los proveedores (*vendors*), como por ejemplo serían las CRO, empresas que proporcionan servicios de diagnóstico o programas digitales para su uso en ensayos clínicos. En otros sectores como la industria alimentaria, cosmética o química, los auditores auditan a las empresas que van a proporcionar servicios o colaborar de manera continuada con ellos, para revisar si sus procedimientos normalizados de trabajo cumplen con los estándares de calidad que necesita la empresa y si cumplen toda la normativa vigente en los controles de calidad e higiene. En los últimos años han aumentado mucho las auditorías relacionadas con la sostenibilidad. También existen auditorías internas de la propia empresa, que están orientadas a la mejora de los procesos actuales para aumentar la eficiencia y a valorar si se está cumpliendo la normativa. Muchas se suelen hacer para prepararse para una auditoría externa, una inspección o para conocer mejor las fortalezas y debilidades de la empresa de cara a posibles mejoras para hacer frente a la competencia.

Después de cualquier auditoría, el auditor realiza un informe con los hallazgos (*findings*) para enviárselo al hospital, empresa o departamento interno que ha sido auditado y uno muy similar para su empresa o cliente. Las personas auditadas tienen que responder a los hallazgos encontrados en un plazo establecido, en el que detallarán cómo los han subsanado y cómo van a evitarlos en el futuro. Las inspecciones siguen un proceso muy parecido, solo que este es realizado por una institución regulatoria de un país y podrían tener repercusiones serias para procesos de aprobación de fármacos o para el desarrollo de la actividad de la empresa inspeccionada.

Cualidades

Los auditores e inspectores poseen los conocimientos científicos y de leyes necesarios para poder realizar una evaluación de los procedimientos de una empresa u hospital con criterio. Tienen que ser un juez imparcial y no tener ninguna consideración especial con ningún centro, empresa o departamento interno. Son muy rigurosos y metódicos, tienen muy claros los puntos que quieren revisar cuando realizan la auditoría o inspección. Poseen una gran capacidad de observación y escucha y saben realizar las preguntas adecuadas para poder entender el funcionamiento de la empresa o centro.

Estudios profesionales necesarios

Para ser auditor hay que tener una carrera universitaria científica o sanitaria (cuanto más relacionada con el tema, mejor) y varios años de experiencia en el sector en que se va a trabajar. De esta manera, se pueden conocer bien los procedimientos y la normativa que aplica para así poder tener la capacidad suficiente de evaluar lo que es correcto y lo que se tiene que mejorar.

28. Gestor de proyectos – *Project Manager*

#planificación #ejecución #comunicación
#organización #trabajoenequipo

Trabajo que desempeña

El director de proyectos es la persona que se encarga de velar por que el equipo realice las actividades necesarias para llevar a cabo un proyecto de principio a fin en los plazos previstos y ajustándose al presupuesto que se ha marcado en el inicio del proyecto. Puede trabajar en hospitales, empresas, universidades o centros de investigación; dependiendo de donde esté llevará a cabo unas funciones diferentes o más enfocadas a las necesidades del centro de trabajo.

En los centros académicos dedica la mayor parte del tiempo a pensar ideas y escribir proyectos para solicitar ayudas y subvenciones que dan financiación para los investigadores. Necesita conocer bien en qué consiste cada convocatoria para que pueda decidir qué tipo de proyectos encajan con ello. Tiene que preparar bien el presupuesto, contactando con los proveedores necesarios para que tenga precios actualizados. Se asegura que se van cumpliendo los plazos, que se envían actualizaciones del proyecto cuando lo pidan o que publiquen los resultados. A veces se implica más, dirigiendo alguno de los proyectos junto con el investigador (líder del proyecto o *project leader*), sobre todo para coordinar a los posdocs, doctorandos, técnicos y/o colaboradores externos en el cronograma del proyecto.

En las empresas, sus tareas variarán un poco dependiendo del sector, del tamaño del equipo y del proyecto. En general, se encarga de la gestión completa del proyecto: llevar un control de las actividades a realizar, los gastos de cada actividad, asegurarse de que cada miembro va realizando su parte en los plazos previstos, que se están cumpliendo los objetivos, organizar las reuniones internas y externas, realizar la minuta de las decisiones que se toman en el equipo, etc. Otra de sus labores es identificar cuándo faltan recursos, para poder pedirlos al equipo directivo, buscar colaboradores externos o identificar proveedores para la consecución del proyecto.

Cualidades

El director de proyectos es organizado, con buenas dotes de comunicación oral y escrita y un buen coordinador de actividades y de personal. Tiene que saber trabajar en equipo, saber motivar y liderar para que las actividades estén completadas según lo planeado. Debe conocer sus capacidades y limitaciones, para saber cuándo delegar tareas. También es muy importante que sepa resolver conflictos que pueda haber entre los integrantes del equipo o resolver problemas que surjan en algún punto del proyecto.

Para muchos trabajos (especialmente en empresas) se necesita saber usar Microsoft Project, SmartSheet o cualquier otro programa de gestión de proyectos, debido a la complejidad y a la duración de los proyectos que normalmente se llevarán a cabo en ese centro de trabajo. También tiene que manejar muy bien Excel y Microsoft PowerPoint.

Estudios profesionales necesarios

Los gestores de proyectos tienen una carrera universitaria científica y, en algunas ocasiones, han realizado un doctorado, dependiendo del lugar de trabajo y de los proyectos que lleven a cabo. También se puede acceder a estos puestos habiendo cursado carreras sanitarias, pero es menos común. Para algunos trabajos se necesita tener la certificación PMP (*Project Management Professional*).

29. Especialista de instrumentación/ Ingeniero de aplicaciones – *Instrumentation Specialist/ Field Application Scientist*

#test #diseño #mecanismo #reparación #entrenamiento

Trabajo que desempeña

El especialista en instrumentación se encarga de hacer la formación a los clientes que han comprado máquinas complejas de diagnóstico que pueden analizar un gran volumen de muestras (*high throughput*), máquinas de investigación, aparatos médicos o robots de gestión, así como de las reparaciones, dudas o actualizaciones de la plataforma que vayan surgiendo después de la adquisición. Estas personas trabajan normalmente para las empresas que venden estas máquinas o, en algunos casos, para las distribuidoras que gestionan la venta en su país. Se adquieren en hospitales, clínicas privadas, laboratorios clínicos privados, centros de investigación, universidades, bancos de sangre y empresas farmacéuticas y biotecnológicas.

Las máquinas de diagnóstico químico, hematológico y microbiológico se usan principalmente en los laboratorios de análisis clínicos de hospitales, laboratorios externos privados y bancos de sangre. Ejemplos de estas máquinas serían el Cobas 8000 Modular Analyzer de Roche o la DxH Hematology Analyzer de Beckman Coulter para el análisis de sangre en los hospitales, o el Procleix Tigris System de Grifols, para el análisis de virus en los bancos de sangre. Otras máquinas, como los secuenciadores NovaSeq de Ilumina o Genexus Integrated Sequencer de Thermo Fisher

Scientific, han pasado de usarse en laboratorios de investigación a usarse también en los hospitales para el diagnóstico.

Las máquinas de diagnóstico por imagen (resonancia magnética, rayos X, TAC, ecógrafo) se usan principalmente en hospitales y clínicas privadas. Los microscopios se usan tanto para el diagnóstico en el departamento de anatomía patológica y microbiología de los hospitales como para investigación en empresas, hospitales y universidades. En estos últimos suele haber microscopios de altísima resolución, como sería el de barrido o electrónico.

Los aparatos médicos típicos usados en los hospitales son robots para cirugía (por ejemplo, el Da Vinci de Intuitive), aceleradores lineales para la radioterapia (ONCOR Expression de Siemens), aparatos para mantener la respiración en cuidados intensivos (ECMO), equipos para la diálisis renal (Fresenius APD), etc. En los bancos de sangre se usan máquinas para realizar plasmaféresis.

Para la investigación, existen muchas máquinas y muy complejas, como sería el nCounter GeoMx Digital Spatial Profiling de NanoString, DEPArray de Menarini, TapeStation de Agilent, LC-MS (espectrometría de líquidos), citómetros de flujo, QX600 Droplet Digital PCR System de BioRad, etc.

Otras máquinas complejas usadas en estos centros son los robots para la automatización de procesos, principalmente para la gestión de las muestras, pero también los hay para la gestión de la medicación en la farmacia de los hospitales.

Cualidades

El especialista en instrumentación debe conocer muy bien la máquina o máquinas que lleva: sus partes, los reactivos que se usan, qué experimentos se pueden realizar, etc. Tiene que tener mucha atención al detalle, saber dar un buen servicio a los clientes, informar correctamente de los tiempos en que van a llegar las piezas para los arreglos o cuándo puede ir para formar al nuevo personal. Debe ser un buen comunicador y educador para saber realizar estas formaciones. Dentro de la empresa, trabajará muy de cerca con los equipos de ventas y con los ingenieros e investigadores de I+D que han diseñado la máquina.

Estudios profesionales necesarios

Carreras científicas e ingenierías de grado medio y superior: Biología, Química, Bioquímica, Biomedicina, Ingenierías (Química, Mecánica), Física, Óptica, etc. En algunos casos, es necesario haber hecho un doctorado/posdoc para poder ayudar a los investigadores a resolver sus dudas o cómo preparar sus experimentos. Es raro encontrar a personas que hayan estudiado carreras sanitarias (aunque no es incompatible), lo más común es que estén trabajando en empresas de aparatos médicos.

30. Científico de soluciones digitales para la salud – *Digital Health Scientist*

#dispositivoselectrónicos #cuestionario #formulario
#programa #inteligenciaartificial

Trabajo que desempeña

Los científicos de soluciones digitales para la salud son aquellos que transfieren una idea sobre la salud en un sistema o programa digital que se usa a través de un ordenador o dispositivo electrónico, gracias a los conocimientos que tienen sobre sanidad, enfermedades, investigación, gestión de datos, gestión de documentación, computación y tecnología. Ejemplos de esto son los programas de historias médicas, gestión de ensayos clínicos y su documentación (CTMS), gestión de la medicación en farmacias (una de las aplicaciones del programa Fundanet), programas para pautar tratamientos intravenosos, cuaderno de recogida de datos de un ensayo clínico (conocido como CRF), diarios de medicación, aplicaciones para buscar ensayos clínicos, aplicaciones generales de la salud o COA (para medir los resultados en salud, siendo el más conocido los PRO). Algunos ejemplos de programas y empresas internacionales que se dedican a esto son: TrialMax de Signant Health y ERT (PRO), Veeva Vault (CTMS), Rave de Medidata Solutions, Inform de Oracle y Open Clinica (CRF). En España tenemos empresas como BeeHealth, Fundanet, Xolomon, MatchTrial y Trialing que tienen soluciones para la gestión de datos clínicos, medicamentos o información administrativa de ensayos clínicos, entre otros productos.

En estos últimos años, las agencias regulatorias han hecho mucho énfasis en la recogida de datos directamente de los pacientes durante los ensayos clínicos y estudios observacionales. Es por ello por lo que ahora hay científicos de soluciones digitales especializados en los cuestionarios de calidad de vida (PRO), para elegir qué cuestionarios se van a realizar en cada visita del estudio y con qué frecuencia. También participan en la elección de los dispositivos y el proveedor que van a usar en el estudio. Estos cuestionarios se recogen en las visitas de los pacientes al hospital con tabletas, o en casa del paciente mediante aplicaciones en su móvil personal o usando PDA (aparato muy parecido a un móvil, pero que tiene solo instalado el programa del ensayo). También se está implantando el uso de relojes inteligentes para las mediciones de la frecuencia cardiaca, pasos, pulso, etc., en los estudios clínicos.

Otra de las tecnologías que se están implantando en la salud es la inteligencia artificial (especialmente el *machine learning*) y la realidad aumentada (*augmented reality*). En España tenemos varios ejemplos, como las empresas Savana e Iomed, que están desarrollando sistemas para poder hacer búsquedas de pacientes con ciertas características en las historias clínicas, entre otras cosas. También se están creando programas para la evaluación de radiografías y muestras de tejido al microscopio (conocido esto último como *digital pathology*), para que asistan a los especialistas en el diagnóstico de enfermedades.

Se están desarrollando gafas inteligentes con realidad aumentada para ayudar a los cirujanos durante la cirugía o para que otros cirujanos los asistan desde otro lugar. Ejemplos de estas empresas son 3DforScience, Vuzix o Nueyes. Y también se está aplicando la realidad aumentada en la educación, para formar a médicos (por ejemplo, cómo bombea la sangre el corazón) y científicos (proceso de fagocitosis de una bacteria).

Es un campo que está en un gran crecimiento, por lo que tienen que estar al tanto de nuevas tecnologías y métodos que se puedan usar en su trabajo y los productos que saque la competencia.

Cualidades

Son amantes de la tecnología, tienen conocimientos básicos sobre la/s enfermedad/es de las que se van a recoger los datos y en cuyo diagnóstico van a asistir o a estructurar información clínica. Es ideal haber trabajado en un hospital, farmacia o en la gestión de ensayos clínicos, ya que se consigue experiencia práctica de lo que se necesita en el trabajo, cómo se recogen los datos, cómo se usan, qué es lo que necesita el paciente, etc. Saben trabajar en equipo con ingenieros informáticos y especialistas clínicos de las enfermedades.

Estudios profesionales necesarios

Cualquier carrera universitaria, grado profesional medio o superior científico o sanitario daría acceso a estos puestos de trabajo. Algunos de estos profesionales científicos y sanitarios comienzan a trabajar en este campo porque tienen una idea propia sobre un programa o aplicación de la salud y deciden crear su propia empresa para poder desarrollarla.

31. Gerente de medicina personalizada/ Gerente de medicina de precisión – *Personalized Medicine Manager/ Precision Medicine Manager*

#biomarcadores #gestión #organización #proyectos #pruebas

Trabajo que desempeña

Los gerentes de medicina personalizada o de precisión trabajan en la industria farmacéutica y biotecnológica para implementar pruebas de diagnóstico de biomarcadores conocidos (ya aprobados o solo para uso en investigación) en los ensayos clínicos. Estas pruebas se usan para determinar la inclusión de un paciente en el ensayo o para hacérselo a todos los pacientes incluidos porque se quiere valorar si puede ser un marcador predictivo a la respuesta al tratamiento. Un ejemplo de este marcador sería la proteína PD-L1 o las mutaciones de *PIK3CA* o *ESR1* en pacientes con cáncer, que se mira en el tejido tumoral o en la sangre. También existen biomarcadores pronósticos, que indican la probabilidad de contraer la enfermedad o de que sea un subtipo de la enfermedad más agresiva que cuando el biomarcador es positivo. Un ejemplo de ellos son la proteína ß amiloide y proteína tau en el líquido cefalorraquídeo de pacientes con alzhéimer, que ayudan a distinguir, junto con otros parámetros, la gravedad del deterioro cognitivo que pueda predecir la aparición temprana de demencia. El tercer tipo de biomarcadores que existen son los de seguridad o de toxicidad, que informan de aquellos pacientes que pueden tolerar peor un tratamiento, normalmente debido a una característica genética. Un ejemplo serían mutaciones en el gen *DPYD* que predicen una mayor susceptibilidad a tener más toxicidades a los tratamientos de quimioterapia 5-FU (5-fluoracil) y capecitabina.

Su trabajo es valorar los diferentes proveedores que puedan hacer este test con la sensibilidad (falsos negativos) y especificidad (falsos positivos) que se busca, que los tiempos de entrega del informe del resultado sean aceptables para el ensayo y tipo de enfermedad (para que los pacientes no empeoren mientras esperan ser incluidos cuando fuera el caso) y que sigan las normas que aplican (BPL, BPC, ISO, etc.). Para ello, suelen evaluar diferentes pruebas y diferentes empresas para elegir la que más se adecúe al ensayo en el que se quiere implementar el test. Los test pueden ser genéticos (ADN), de expresión (ARN), mirar una proteína, etc., y se realizan en diferentes tejidos y fluidos biológicos (sangre, saliva, tejido tumoral, etc.). Es importante también tener en cuenta si las empresas que ofrecen estos servicios tienen la acreditación CLIA (del inglés *Clinical Laboratory Improvement Amendments*), pues es necesario para aquellos biomarcadores que se van a usar en la inclusión de pacientes.

Trabajan muy de cerca con los científicos traslacionales de la empresa, ya que algunos test que se van a implementar en el estudio son aún de carácter exploratorio y se analizarán más adelante para confirmar la relación con el tratamiento. También colaboran con los gerentes de registro para la solicitud regulatoria del uso del test en el ensayo, que en Europa sería la *In Vitro Diagnostic Regulation* (IVDR), y en Estados Unidos está el IDE (*Investigational Device Exemption*) para poder recoger datos de seguridad y eficacia de un test no aprobado para su posible comercialización.

Cualidades

Son muy organizados, con grandes conocimientos sobre diferentes técnicas y parámetros analíticos que se usan en los test de diagnóstico. También son rigurosos y metódicos, participan en las auditorías que se realizan para la elección de los proveedores y también cuando se están ejecutando. Necesitan tener don de gentes para trabajar con el equipo del ensayo y ser buenos negociadores para realizar los acuerdos con los proveedores.

Estudios profesionales necesarios

Los gerentes de medicina personalizada han estudiado carreras científicas o Medicina y después han hecho un doctorado en Biología, Química, Bioquímica, Biotecnología o Medicina. Muchos cuentan con experiencia de posdoc.

32. Gerente de asuntos médicos, Enlace de ciencias médicas – *Medical Affairs Manager, Medical Science Liaison (MSL)*

#medicamento #médicos #comunicación #congresos #viajar

Trabajo que desempeña

El gerente de asuntos médicos y el enlace de ciencias médicas (o más conocido en inglés como MSL) trabajan principalmente en la industria farmacéutica y se encargan de mantener una estrecha relación con los médicos más destacados de la patología por su excelencia asistencial y/o investigadora (conocidos como KOL o KEE). Son su punto de referencia en cuestiones científicas sobre uno o varios fármacos de la empresa porque conocen muy bien el funcionamiento biológico del fármaco, los ensayos clínicos que se han realizado, los efectos secundarios y la eficacia en relación con otros fármacos de la misma clase y con los que se utilizan en el mismo contexto clínico. Estos puestos también existen en la industria de aparatos médicos y de diagnóstico, pero la gran mayoría de ellos trabajan en empresas farmacéuticas.

La diferencia principal entre los gerentes de asuntos médicos y los MSL es que los primeros establecen la estrategia de visitas a los diferentes KOL según ciertos parámetros establecidos (pacientes que trata, participación en los *steering committees*) y los segundos se dedican a hacer estas visitas regulares a los KOL, pasando gran parte de su tiempo viajando. No todas las empresas y todos los productos de las empresas tienen ambas posiciones, por lo que muchas veces el gerente de asuntos médicos de un país es el que realiza las visitas a los médicos. Por otro lado, la estrategia y el número de actividades que se realicen dependen de en qué ciclo de vida esté el medicamento: si se acaba de aprobar, si lleva unos pocos años en el mercado o si lleva muchos años.

Son contratados tanto por las empresas farmacéuticas como por las CRO. Los gerentes de asuntos médicos locales (específicos de un país) trabajan muy de cerca con el equipo de ventas y *marketing* local. En algunas empresas también colabora con el equipo de gestión de ensayos clínicos, ya que normalmente los KOL tendrán ensayos de la empresa en su hospital.

A menudo, organizan charlas locales o simposios dentro de un congreso con varios médicos para que presenten resultados de ensayos clínicos del fármaco que llevan, casos clínicos donde se haya usado este fármaco o ejemplos prácticos de cómo gestionar los efectos secundarios (qué medicamentos se pueden usar o qué análisis se necesitan para su seguimiento). Los médicos que dan las charlas lo hacen porque han participado en los ensayos clínicos de estos fármacos y los conocen muy bien. Estas charlas son una manera de promocionar la empresa y el producto, por lo que los gerentes del departamento médico colaboran con el equipo de *marketing* en su organización. En otras ocasiones, son los propios médicos los que quieren organizar un evento científico y solicitan a los MSL (a veces de varias empresas diferentes) el dinero para su financiación.

Los médicos también solicitan financiaciones al departamento médico para poder llevar a cabo proyectos científicos, ensayos clínicos y estudios observacionales. Dependiendo de la empresa, se denominan ESR/ISR (*Externally/Investigator Sponsored Re-*

search), IIT/IIS (*Investigator Initiated Trial/Study*). El departamento médico local se encarga de preparar la idea del médico de su país en el formato interno para enviarla a los del departamento médico global. Estos comparten internamente la idea del proyecto con los gerentes de desarrollo clínico y los gerentes globales del producto/estrategia y a veces también con investigadores traslacionales y preclínicos de la empresa, para decidir sobre su financiación. También puede que organicen las reuniones con el equipo de global para que el propio médico presente su idea al equipo global.

Se encargan de la formación del equipo de ventas y otros departamentos que así lo soliciten dentro de la empresa. También van a los hospitales y dan charlas a todo el servicio sobre la molécula, ayudan a los médicos con los proyectos financiados por la empresa o coordinan revisiones entre varios KOL.

Tienen que estar en continua formación científica, por lo que leen muchos artículos y asisten a congresos nacionales e internacionales. Algunos dan clase en másteres de la industria farmacéutica o en cursos específicos de MSL.

Cualidades

Los MSL están muy preparados clínica y científicamente y son capaces de conversar con médicos expertos sobre las indicaciones de los productos que llevan. Son muy educados, buenos comunicadores y muy organizados en su trabajo. Saben coordinar reuniones y eventos científicos.

Estudios profesionales necesarios

Para acceder a este puesto de trabajo hay que tener una carrera universitaria sanitaria (como Medicina o Farmacia) o científica (normalmente con doctorado). Personas que hayan realizado otros estudios universitarios o incluso una formación profesional podrían llegar a este trabajo después de varios años de experiencia en otros puestos de la industria farmacéutica. Haber trabajado previamente (tanto en la industria como en la academia) en puestos relacionados con la patología que se va a llevar como gerente de asuntos médicos es un plus.

33. Gerente de producto, Gerente de *marketing* – *Product Manager, Marketing Manager*

#competidores #campaña #estrategia #posicionamiento #mercado

Trabajo que desempeña

El gerente de producto trabaja en la industria gestionando la imagen y la estrategia comercial de un producto, para poder posicionarlo lo mejor posible entre los competidores, si los hubiera. Existe el gerente de producto global y el gerente de producto local de un país o países en concreto, en donde a este último se le llama también gerente de *marketing*. Los gestores de producto global preparan su plan estratégico, estableciendo las iniciativas globales y cómo se va a conseguir la aceptación del producto, teniendo en cuenta la competencia que habrá en los diferentes países en el momento del lanzamiento. Eligen el nombre del producto (en el caso de fármacos incluye tanto el nombre del principio activo como el nombre comercial) y colaboran en el diseño del logo y su imagen (creación de la marca).

Los gerentes de producto locales eligen qué materiales y qué actividades se van a usar en su país para promocionarlo y organizan estos eventos promocionales junto con el equipo de ventas local. Se encargan de diseñar todos los materiales que se van a usar, tanto en papel como vídeos y objetos de *merchandising*, y de gestionar los presupuestos de cada campaña.

Todos los materiales que se preparen, el nombre y el logo los suelen revisar otros departamentos de la empresa, como sería investigación y desarrollo, el departamento médico (*medical affairs*) en empresas farmacéuticas o el departamento de calidad. A veces incluso los propios directores de la empresa, dependiendo del producto que sea y del tamaño de la empresa, dan la autorización final sobre ello. Es muy importante que todos los materiales, nombre de la marca y etiquetas que hagan estén en concordancia con la regulación que aplique en cada país. Ejemplos de esto son los anuncios de medicamentos con receta, que en países como Estados Unidos están permitidos, pero en otros como España no; el etiquetado de productos de bajo impacto medioambiental como la etiqueta *EU Ecolabel* en Europa o el formato de las etiquetas nutricionales de los alimentos.

En el día a día, los gerentes de *marketing* tienen que ir midiendo el impacto que están teniendo sus acciones en el mercado según los objetivos establecidos, controlando que los gastos se están ajustando al presupuesto asignado y observando lo que van haciendo los competidores en temas de estrategia comercial. También tienen que estar al corriente de lo que necesitan los consumidores, clientes o pacientes (dependiendo del producto que sea).

Cualidades

Los gerentes de producto y de *marketing* tienen buenos dotes de comunicación, son proactivos, muy creativos, organizados, con atención al detalle y especialmente estratégicos. Es importante que la persona tenga integridad y responsabilidad, sobre todo cuando se trabaja con medicamentos y productos sanitarios. Es necesario ser muy activo y tener interés en formarse sobre los productos que va a llevar, ya que la empresa irá sacando nuevos constantemente, o puede que le asignen otros según las necesidades.

Estudios profesionales necesarios

Cualquier carrera científica o sanitaria daría acceso a este trabajo, donde normalmente no se requiere tener un doctorado, pero un máster de *Marketing* podría dar un plus. También existen profesionales que han estudiado otras carreras, como Publicidad y Relaciones Públicas, Periodismo, etc., y tienen un interés por este tipo de productos.

34. Representante de ventas/Visitador médico, Gestor de cuentas clave – *Sales Representative (Sales rep.), Key Account Manager (KAM)*

#producto #*marketing* #catálogo #comunicación #promoción

Trabajo que desempeña

El representante de ventas se encarga de visitar a diferentes profesionales para la promoción y venta de medicamentos, aparatos médicos, de diagnóstico, productos sanitarios, reactivos y máquinas para la investigación a profesionales sanitarios y científicos. Cuando el representante de ventas visita a médicos se le llama visitador médico. Su labor principal es dar información sobre el producto o productos que vende y exponer cuáles serían las ventajas frente a otros productos similares. En el caso de los fármacos y aparatos médicos y de diagnóstico, se suele apoyar esta explicación con el diseño y los resultados de sus ensayos clínicos y, si es necesario, explicar las diferencias con los de la competencia.

Hay representantes de ventas que van a farmacias para promocionar medicamentos sin receta (conocidos en inglés como *over the counter*), pruebas de diagnóstico (*point of care testing*, como los test de embarazo o los de antígenos de COVID-19), complementos dietéticos y vitamínicos, suplementos herbales y otros productos médicos y cosméticos (*consumer health products*, como cremas o champús). Estos representantes también visitan parafarmacias y herbolarios.

También existen representantes de ventas de productos científicos (como por ejemplo anticuerpos, eppendorfs o centrífugas), que visitan tanto laboratorios públicos como los de empresas farmacéuticas, biotecnológicas, químicas, alimentarias, etc. Los hay que tienen un catálogo muy extenso de una gran variedad de productos y de diferentes marcas, ya que trabajan como distribuidores. Otros, sin embargo, se dedican a un producto o unos pocos, ya que son aparatos médicos, de diagnóstico o de investigación (secuenciador, microscopio, etc.) de gran complejidad y de un alto coste económico.

En los últimos años han aumentado considerablemente los productos digitales para el sector científico y de la salud. Los representantes de ventas están promocionando y vendiendo cada vez más programas de *software* sencillo, con inteligencia artificial (*artificial intelligence*) o *machine learning* (son capaces de identificar patrones previamente establecidos) y plataformas que usan realidad aumentada (gafas que permiten ver en 3D el cuerpo humano durante operaciones).

Otros representantes de ventas se encargan de ofrecer servicios de su empresa, como podrían ser servicios de secuenciación, análisis de datos, redacción médica, gestión de un proyecto, experimentación, etc.

El gestor de cuentas clave (conocido en inglés como KAM) es el representante de ventas que se dedica a un centro o unos pocos centros que son clientes muy fuertes de la empresa para la que trabaja. Ejemplos de esto serían hospitales muy grandes que utilizan grandes cantidades del fármacos o productos sanitarios que lleva el representante o centros de investigación donde consumen muchos reactivos y kits y tienen muchos aparatos de la empresa. En España serían hospitales como La Paz en Madrid o el

Vall d'Hebrón en Barcelona, o centros de investigación como el CNIO en Madrid o el CNAG en Barcelona.

Cualidades

El visitador médico es un gran comunicador, tiene buenas dotes de convicción y es muy atento con sus clientes para su fidelización. Es muy importante que tenga inteligencia emocional para conectar con ellos. También ha de ser flexible e intentar ajustarse a los horarios de los clientes y así cumplir con los compromisos. Debe conocer muy bien los productos que lleva (o saber a quién derivar internamente las preguntas que no sabe) y demostrar credibilidad a la hora de venderlos.

Estudios profesionales necesarios

Para ser visitador médico, se puede acceder al puesto con cualquier carrera de la rama científica o sanitaria. Normalmente son universitarios, aunque profesionales de grado superior podrían acceder a algunos de estos puestos. Sin embargo, para máquinas complejas a veces se suele requerir que tengan un doctorado.

35. Especialista de asuntos regulatorios/ Gerente de registros – *Regulatory Affairs Specialist*

#normativa #revisión #documentación #aprobación #indicación

Trabajo que desempeña

Los especialistas en asuntos regulatorios conocen muy bien las leyes que aplican a los productos que tienen asignados, y saben cuáles son los procesos necesarios para conseguir que salgan al mercado. Muchos trabajan con medicamentos, vacunas, biológicos, derivados de la sangre, pruebas de diagnóstico o aparatos médicos (tanto para humanos como para animales), ya que especialmente en los productos para humanos existe una gran regulación sobre ellos y su proceso de aprobación es más largo y tedioso que para otros productos. Hay también especialistas que trabajan sobre la regulación de alimentos y bebidas, cosméticos, tabaco, fertilizantes o productos químicos. También existen agentes reguladores sobre el medioambiente y de la actividad agropecuaria y cualquier producto que derive de ellos.

Un número alto de profesionales se dedican a la regulación de medicamentos y productos sanitarios para humanos y animales, ya que al haber tanta regulación hay muchos más puestos de trabajo, tanto en las agencias regulatorias como en la industria. En las agencias regulatorias deciden si aprueban o no los ensayos clínicos y si se aprueba el fármaco o producto sanitario en el país o países que apliquen sus leyes. Supervisan el desarrollo clínico de estos productos y una vez comercializados, controlan los efectos secundarios a corto y largo plazo. También establecen las normas sobre la documentación que se hace pública (por ejemplo, el prospecto de los fármacos, las instrucciones de un test de diagnóstico, etc.). En España sería la AEMPS, con sede en Madrid; en Europa está la EMA, con sede en Ámsterdam, y en Estados Unidos está la FDA, con sede en Silver Spring (Maryland). En España también tenemos el Ministerio de Sanidad, que es el que establece medidas sobre las emergencias sanitarias, las pruebas que están cubiertas por el sistema sanitario, protocolo de vacunación, eutanasia, aborto, regulación del tabaco y alcohol, etc.

También hay agentes reguladores en la industria farmacéutica, CRO y consultoras, y se encargan de preparar toda la documentación necesaria para solicitar la aprobación de un ensayo clínico en los países en que se haya decidido llevar a cabo el ensayo, o de la comercialización de un fármaco o producto sanitario en donde se quiera sacar al mercado para su venta. Por tanto, conocen muy bien la regulación de cada país y qué productos o fármacos hay aprobados ahí que estén relacionados con los que ellos llevan (ya sea porque son de la competencia o porque se darían o aplicarían conjuntamente con el producto, por ejemplo).

Los alimentos y bebidas también tienen su propia regulación. Aquellos que trabajan en las agencias regulatorias se encargan de establecer las leyes sobre el etiquetado, dictámenes sobre el bienestar de los animales de granja, qué aditivos pueden usarse en los alimentos y bebidas, información sobre lotes de productos contaminados, etc. En España tenemos la AESAN (Agencia Española de Seguridad Alimentaria y Nutrición), en Europa es la EFSA (European Food Safety Authority) y en Estados Unidos esto lo lleva la FDA también. Existen también especialistas regulatorios en las industrias alimentarias, que se aseguran de que su empresa sigue las leyes que aplican a cada país donde comercializan sus productos y que se implementan las que salgan nuevas.

El Ministerio de Asuntos Sociales[6] dicta las leyes de animales de compañía, del uso de animales en espectáculos como cabalgatas o circos, de su venta y sacrificio, entre otras cosas. El Ministerio para la Transición Ecológica y el Reto Demográfico[1] establece las leyes sobre, por ejemplo, el cuidado del medioambiente, el uso del agua en las ciudades y en la agricultura, medidas para la reducción del cambio climático o gestión de los residuos químicos y radioactivos.

Para la comercialización de cosméticos, la persona responsable de registros de la empresa necesita enviar una notificación al portal de la Comisión Europea (CPNP, Cosmetic Products Notification Portal). En ella se detalla el nombre del producto, su composición y se notifica si contiene nanopartículas, ingredientes carcinogénicos, mutagénicos o tóxicos para la reproducción, entre otras cosas.

Hay organizaciones más internacionales, como la Organización Mundial de la Salud (OMS) que establece las normas ISO, GCP, GLP, GMP y GDP, que están implantadas en muchas empresas, hospitales, clínicas y laboratorios de investigación de todo el mundo.

Cualidades

Los gerentes de asuntos regulatorios son muy metódicos y organizados, capaces de manejar gran cantidad de información y de saber entender los datos que se presentan. Para aquellos que trabajan para las agencias regulatorias, su máxima inquietud debe ser proteger a las personas, animales y medioambiente y que estas

---

6   El nombre del ministerio puede variar entre gobiernos de diferentes partidos.

leyes se cumplan en los territorios que aplican. Los que se dedican a la aprobación de ensayos clínicos, medicamentos, productos sanitarios y nutricionales, deben ser muy críticos a la hora de valorar toda la información que se proporciona y dar instrucciones claras de lo que falta o hay que quitar para que se apruebe la solicitud. Aquellos que trabajan en empresas, tienen que ser estrictos a la hora de implantar las normas regulatorias dentro de su empresa.

Estudios profesionales necesarios

Dependiendo de en qué industria se esté trabajando, serán más convenientes unos estudios que otros, aunque también dependerá mucho de la experiencia previa en ese campo. Para aquellos que se dediquen a la regulación de medicamentos y productos sanitarios, carreras como Biología, Química, Bioquímica o Farmacia serían las más adecuadas. Para los que se dediquen a la regulación de alimentos y bebidas, la carrera de Nutrición y Dietética, Ciencia y Tecnología de los Alimentos, Química o Biología son bastante apropiadas. Para la regulación de animales, Veterinaria o Biología; para la regulación ambiental, las carreras de Ambientales, Geología, Biología, Química o Ingeniería Química.

36. Especialista de acceso de mercado, Gestor de asuntos corporativos/ de gobierno –
Market Access Specialist, Corporate/ Government Affairs Manager

#precio #estrategia #valor #país #relaciones

Trabajo que desempeña

Los especialistas de acceso al mercado trabajan principalmente en la industria farmacéutica (aunque también los hay en la industria de aparatos médicos y de diagnóstico) para definir la estrategia del acceso del fármaco en un país o países en concreto. Esto es debido a que, después de que se consigue la aprobación de un fármaco por la agencia regulatoria correspondiente, las compañías tienen que pactar con los gobiernos de cada país el precio que se va a dar al fármaco, cómo se van a hacer los pagos, etc. En España necesitan, además, ponerse en contacto con cada comunidad autónoma, ya que la sanidad está descentralizada. Y en ocasiones tienen que tratar directamente con los hospitales para acordar el precio, dependiendo de las cantidades que van a adquirir.

Los especialistas de acceso al mercado tienen que conocer qué fármacos similares a su producto están aprobados en los países que llevan para tenerlo en cuenta en la estrategia global. Si el fármaco se da combinado con otros fármacos, debe conocer en qué países los otros fármacos están comercializados y en cuáles no. Todo esto es necesario tenerlo en cuenta a la hora de saber el número potencial de pacientes que lo van a usar y las diferentes indicaciones que abarca.

En algunas empresas existe la distinción entre el especialista de acceso de mercado y el de asuntos corporativos o de gobierno. Este último se dedica a las relaciones institucionales con las autoridades competentes, para la cobertura sanitaria de medicamentos, las campañas de vacunación, etc. Han tenido un papel muy importante en la pandemia, donde han gestionado las compras de vacunas, medicamentos, material sanitario, etc., con los gobiernos de cada país.

Cualidades

Para realizar este trabajo es necesario tener don de gentes y saber ser muy diplomático a la hora de relacionarse tanto con los políticos en el Gobierno como con los líderes y directores de la empresa. Otra cualidad necesaria es ser un buen comunicador y saber convencer. Esta profesión también requiere saber trabajar en un equipo interno multidisciplinar y conocer bien las particularidades de cada país a nivel de cómo está organizado el sistema de salud y cómo es su cobertura sanitaria.

Estudios profesionales necesarios

Se puede acceder a este puesto de trabajo con cualquier profesión científica o sanitaria, aunque también otras carreras como *Marketing*, Economía, Administración y Negocios o Ciencias Políticas podrían dar el acceso a esta profesión.

37. Gerente en farmacoeconomía – *Health Economics and Outcomes Research (HEOR) Manager*

#costebeneficio #gobiernos #fármacos #evidencia #salud

Trabajo que desempeña

El gerente de farmacoeconomía (conocido en inglés como HEOR) se encarga de hacer la valoración de una intervención sanitaria para conocer su eficiencia mediante diferentes análisis. Esto se hace principalmente en fármacos, pero también se puede aplicar al uso de productos sanitarios, como un robot de cirugía o un marcapasos. Los estudios que se suelen realizar para valorar la intervención son: coste-beneficio, coste-efectividad, coste-utilidad, minimización de costes y relación coste-enfermedad. En la industria, estos análisis son necesarios para poder calcular un precio acorde con el valor que aporta el producto y también para poder distinguirse de la competencia. En los hospitales o Gobierno, se hace para poder elegir mejor los fármacos que se aprueban en un país, la compra de aparatos médicos en un hospital o para decidir sobre los protocolos. Algunas aseguradoras también cuentan con gerentes de farmacoeconomía para decidir qué fármacos e intervenciones van a cubrir.

Para el cálculo del valor, se tienen en cuenta los costes directos o tangibles (por ejemplo, ahorro de cirugías, salario de los profesionales sanitarios, fármacos de rescate, días de hospitalización, etc.) y los costes indirectos o intangibles (calidad de vida del paciente, dolor, tiempo, coste de oportunidad, etc.) del producto a valorar. Un ejemplo de estos estudios se hizo con los medicamentos que conseguían curar la hepatitis C. El cálculo del precio se hizo en base a que al curar la enfermedad se evitaría la necesidad de cirugías hepáticas con sus consecuentes hospitalizaciones, el uso crónico de fármacos para tratar la enfermedad, visitas hospitalarias, etc. Otro ejemplo sería el test de diagnóstico de cáncer de tiroides de Veracyte, que permite, a través de una biopsia, poder distinguir una lesión benigna de otra maligna antes de extirpar el tiroides, evitando cirugías y terapia hormonal sustitutiva de por vida.

Estos análisis se tienen en cuenta en las farmacias de los hospitales para decidir sobre ciertos fármacos muy costosos o en la dirección del hospital para implementar un tipo de intervención sanitaria, como una nueva cirugía o protocolo de actuación de una enfermedad. A veces son ellos mismos los que realizan los análisis para comparar diferentes fármacos o intervenciones generales de una enfermedad (tratamientos, visitas, cirugías, etc.). Estas valoraciones permiten a los hospitales ser más eficaces y poder tener un ahorro de recursos económicos teniendo en cuenta todos los factores que hay para el tratamiento de una enfermedad. También el Ministerio de Salud del Gobierno tiene estos análisis en cuenta a la hora de decidir intervenciones estatales como el calendario de vacunaciones, por ejemplo, o la aprobación de fármacos en el país. El propio Gobierno tiene sus propios gerentes de farmacoeconomía que publican informes comparando muchos fármacos e intervenciones sanitarias para que estos puedan ser usados por los gerentes de los hospitales y por la farmacia del hospital y así tomar decisiones basadas en la evidencia. Los National Institutes for Health and Clinical Excellence (NICE) del Reino Unido son una entidad donde realizan muchos estudios de farmacoeconomía para aconsejar sobre diferentes intervenciones sanitarias en el país.

Cualidades

Los gerentes de farmacoeconomía son muy buenos en matemáticas y tienen habilidades informáticas y bioestadísticas. Necesitan interrelacionarse con diferentes profesionales para entender las necesidades médicas y farmacéuticas y así saber qué análisis es necesario realizar. También es importante que tengan nociones básicas sobre ensayos clínicos, funcionamiento de los hospitales y farmacias de hospital y de las enfermedades que están trabajando.

Estudios profesionales necesarios

Muchos de ellos han estudiado Economía, Administración y Gestión de Empresas, Finanzas o un MBA, pero tienen que adquirir después algunos conceptos sanitarios o científicos para poder realizar los análisis de farmacoeconomía. Esto lo pueden hacer a través de un máster, por cuenta propia o a través de los recursos internos de su lugar de trabajo.

En estos últimos años han aumentado los profesionales científicos y sanitarios de carreras como Farmacia, Biología o Medicina que se están formando en farmacoeconomía a través de un máster o de cursos de especialización. Esto ha permitido que farmacéuticos que trabajan en farmacias hospitalarias puedan hacer sus propios análisis o a profesionales científicos y sanitarios acceder a puestos de farmacoeconomía en la industria farmacéutica o en el Ministerio de Sanidad.

38. Monitor médico – *Medical Monitor*

#protocolo #diseño #comparador #eficacia #seguridad

Trabajo que desempeña

El monitor médico es el responsable clínico del ensayo, desde su planificación hasta el análisis final y cierre del estudio. Se encarga de escribir el protocolo, donde se describe la enfermedad, los tratamientos actuales, la necesidad médica no cubierta que pretende abordar el ensayo, los estudios previos del fármaco, los procedimientos y su frecuencia, criterios de inclusión y exclusión, manejo de la toxicidad del fármaco, etc. Previamente, los jefes del departamento clínico han diseñado el estudio con los estadistas para calcular el número de pacientes, establecer los objetivos principales, secundarios y exploratorios y cómo medirlos. También participa en el diseño del cuaderno de recogida de datos (CRF), programa de randomización (IWRS) y revisa otros documentos necesarios para empezar el estudio, como el plan de análisis estadístico (SAP), el consentimiento informado, etc.

Prepara y participa en la reunión con el *steering committee* del estudio (formado por los KOL de la patología correspondiente) y del *investigator meeting* o reunión de investigadores, donde se presenta el estudio a los investigadores, subinvestigadores y coordinadores de ensayos de los centros participantes. Responde a las preguntas formuladas por las agencias regulatorias cuando se presenta el estudio a los diferentes países participantes y hace los cambios pertinentes en el protocolo y consentimiento informado local según los requerimientos de las agencias.

Cuando el estudio está abierto, responde a preguntas sobre los criterios de inclusión y exclusión del estudio, resuelve dudas de bajada o interrupción de dosis, revisa las medicaciones prohibidas, las desviaciones de protocolo, los efectos secundarios reportados, los valores de laboratorio y la codificación de los términos médicos, entre otras muchas cosas. Cuando se va a hacer un análisis intermedio o el análisis final del estudio, participa intensamente en la revisión del cuaderno de recogida de datos, preparación de las gráficas de los resultados y redacción del artículo científico para su publicación.

El monitor médico trabaja muy de cerca con varios profesionales dentro de la empresa. Entre ellos, los gestores de operaciones clínicas, que eligen los países y *vendors* que se utilizarán en el estudio; el *study lead*, que coordina las operaciones del ensayo en el día a día; los gestores de datos, para el diseño del cuaderno, actualizaciones y la gestión de las *queries*; asuntos regulatorios, que se encargan de la aprobación del estudio en los diferentes países y la del fármaco si el estudio resulta positivo; los gestores de seguridad farmacológica, que llevan la gestión de los efectos secundarios serios y la preparación y actualizaciones del manual del investigador, y el estadista, para preparar el plan de análisis estadístico y saber cómo preparar el cuaderno de recogida de datos para que se puedan realizar los análisis.

Asiste a los congresos y realiza muchas lecturas sobre ensayos clínicos relacionados con la patología y el fármaco (especialmente los de la competencia con el mismo mecanismo de acción). Participa en reuniones internas sobre temas logísticos de los ensayos, colaboraciones externas y charlas de investigadores y médicos de la empresa y externos.

Cualidades

El monitor médico conoce muy bien la estructura de los ensayos clínicos, los documentos usados y su formato, ya que participa en su preparación y revisión. Tiene unos conocimientos profundos sobre el medicamento experimental (mecanismo de acción, efectos secundarios y cómo gestionarlos, etc.), la enfermedad que se está estudiando y los procedimientos del protocolo que tiene asignado.

Trabajan mucho en equipo, con los diferentes miembros de su estudio y con los de su equipo clínico. Son muy diligentes a la hora de atender las consultas de los hospitales y tienen que ser capaces de balancear las exigencias del protocolo con las necesidades clínicas de los pacientes a la hora de acceder o no a las peticiones de los investigadores o de dar recomendaciones sobre la inclusión de pacientes.

Estudios profesionales necesarios

Para ser monitor médico hay que estudiar Medicina y tener la especialidad médica correspondiente o haber estudiado una profesión científica y haber realizado un doctorado. También es posible acceder a esta profesión con una carrera científica y asistencial sin tener un doctorado, si se acumula mucha experiencia en ensayos clínicos, teniendo un interés genuino sobre la parte científica y clínica de los ensayos.

39. Gerente de seguridad farmacológica, Especialista de farmacovigilancia – *Safety Manager, Pharmacovigilance Specialist*

#efectosadversos #monitoreo #medicamentos #riesgos #prospecto

Trabajo que desempeña

Los gerentes de seguridad farmacológica se encargan de revisar, recoger y presentar los datos de seguridad de un medicamento que está en desarrollo clínico a las diferentes partes interesadas. Los datos de seguridad se presentan a las autoridades regulatorias y a los centros participantes de los ensayos regularmente. En los congresos médicos y científicos, se presentan de una manera más concisa acompañados con los datos de eficacia. Además, tienen que actualizar el manual del investigador o *Investigator Brochure* (normalmente anualmente) y enviarlo a los centros participantes de los ensayos clínicos con esa molécula y a las agencias regulatorias. Colaboran con las respuestas a las agencias sobre dudas de seguridad cuando se presentan en los distintos países participantes. También revisan las interacciones del fármaco experimental con otros fármacos que hay comercializados por si fuera necesario limitar su uso dentro del ensayo clínico (medicación prohibida).

Las empresas cuentan también con técnicos de seguridad farmacológica que se encargan de hacer la revisión y el seguimiento mediante *queries* cuando se reportan efectos secundarios serios (en inglés SAE), para asegurarse de que se están reportando toda la información clínica, las analíticas, pruebas médicas y tratamientos administrados durante el SAE en el cuaderno de recogida de datos (CRF).

Los especialistas en farmacovigilancia se encargan del seguimiento de los fármacos que ya están comercializados. También existen gerentes de seguridad médica para aparatos médicos o de diagnóstico (conocidos en inglés como *materiovigilance* o materiovigilancia), aunque son mucho menos numerosos en la industria.

Cuando un fármaco está aprobado, a veces se hacen estudios de fase IV para seguir recogiendo datos de seguridad y de eficacia de una manera más ordenada y sistemática. Otros efectos secundarios posaprobación los reportan los médicos, los farmacéuticos o los propios pacientes. Suelen ser efectos secundarios muy raros o que quizá no han aparecido en los ensayos clínicos al ocurrir en poblaciones especiales (ancianos, mujeres embarazadas, niños etc.). Estos efectos secundarios se recogen en las llamadas tarjetas amarillas, que es donde se hace este reporte. Las empresas farmacéuticas suelen tener también un apartado en su web asignado para que se pueda reportarlos.

Los documentos que se presentan a las agencias regulatorias son documentos armonizados internacionalmente y por tanto el mismo formato es aceptado por las diferentes agencias regulatorias que hay en el mundo. Entre estos documentos están el DSUR y PSUR, que se envían anualmente mientras el fármaco está en desarrollo o cuando ya está comercializado, respectivamente. Otros documentos importantes son los SUSAR (del inglés *suspected unexpected serious adverse events*), que se envían en siete días o en quince días dependiendo del tipo de evento ocurrido dentro de un ensayo clínico.

Los gerentes de seguridad farmacológica trabajan con varios diccionarios para categorizar los diferentes datos reportados por los hospitales en el cuaderno de recogida de datos (CRF). El diccionario MedDRA es el utilizado en los ensayos clínicos, en los que existen diferentes niveles para categorizar los efectos secundarios y los procedimientos médicos, siendo el más importante para los análisis el *preferred term* (PT) o término principal. También se utiliza la clasificación ATC para catalogar cualquier medicación reportada en el estudio.

Durante el desarrollo clínico de un fármaco, trabajan muy de cerca con los monitores médicos del estudio, ya que son ellos los que están revisando continuamente el cuaderno de recogida de datos y están en contacto con los investigadores del estudio. Es importante confirmar con los investigadores que se han descartado todas las causas posibles del efecto secundario antes de achacar la causalidad al fármaco experimental.

Cualidades

Los gerentes de seguridad farmacológica y farmacovigilancia son muy organizados y con gran capacidad de comprensión y síntesis. Tienen muchos conocimientos sobre medicina, farmacología y biología. Saben trabajar en equipo, ya que es muy necesario interaccionar con diferentes departamentos durante el desarrollo del fármaco.

Estudios profesionales necesarios

Es necesaria la carrera de Medicina o haber realizado una carrera científica y después un doctorado. A través de un máster o dentro del propio trabajo se recibe formación sobre farmacovigilancia, la regulación de fármacos y todos los análisis e informes que se tienen que preparar para las agencias regulatorias durante el desarrollo o comercialización de los fármacos.

40. Gerente de operaciones – *Operations Manager*

#planificación #decisiones #ejecución #resolucióndeproblemas #logística

Trabajo que desempeña

Los gerentes de operaciones implementan de principio a fin la actividad principal de la empresa, un plan estratégico, proyecto o ensayo clínico, y durante su desarrollo garantizan que todas las operaciones se llevan a cabo de un modo apropiado según los tiempos, los presupuestos establecidos y la normativa vigente.

El gerente de operaciones que se encarga de supervisar las actividades principales de una empresa, en su día a día coordina la adquisición de las materias primas, la producción, almacenamiento, transporte y distribución de los productos fabricados. Para que todo esté bien organizado, tiene que trabajar con diferentes miembros de la empresa: con los gerentes de calidad, evalúa las diferentes materias primas para elegir la que más se adecúe a las necesidades; con los directores de fábrica, la capacidad de producción; con los directores de ventas, cuál es la demanda esperada, etc. Por ejemplo, para la producción de cosméticos se necesitan diferentes productos químicos, compuestos naturales o ciertas plantas, cuya compra viene establecida según la cantidad que se quiera producir de cada producto, para que se pueda cubrir la demanda y haya existencias suficientes para cualquier imprevisto. En una o varias fábricas se harán diferentes líneas de productos según la demanda y la temporada (por ejemplo, en verano se producirán más cremas para la protección solar). La demanda vendrá establecida por el equipo de ventas, que conoce las necesidades de los clientes. Resuelven problemas que afectan a gran escala a las operaciones de una empresa, como podría ser la falta de materias primas, la avería de una máquina en la fábrica o contratiempos en la distribución global del producto.

Cuando se quiere implementar un plan estratégico, se encarga de establecer el presupuesto y coordinar las diferentes operaciones para que se ponga en marcha el plan y finalice con éxito. Un ejemplo de esto sería el plan de sostenibilidad de la empresa, donde se intentarían reducir los residuos (por ejemplo, convirtiéndolos en un producto que se pueda usar después) o disminuir la demanda energética (por ejemplo, colocación de placas solares). En el caso de proyectos, estos pueden ser, por ejemplo, la creación de una nueva línea de productos, donde se necesitará comprar nuevas materias primas y preparar una nueva línea de producción. Normalmente para cada proyecto se establece a un gestor o líder del proyecto que va marcando los tiempos y va más a los detalles de las actividades del día a día.

En empresas farmacéuticas existen los gerentes de operaciones clínicas (conocido en inglés por la abreviación *Clin opps*), que se encargan de poner en marcha el estudio en los diferentes países elegidos por el laboratorio. Deciden qué tareas del estudio se van a externalizar y a qué CRO o grupo académico, qué programa de randomización se usará, qué proveedor hará los análisis de las muestras y cuál se usará para los cuestionarios de calidad de vida, el cuaderno de recogida de datos, etc. Participa en la preparación de los contratos de colaboración con la CRO o grupo académico para los diferentes acuerdos económicos según las actividades que se externalizarán (monitorización, análisis estadístico, gestión de los datos, etc.) y con el resto de los proveedores. Resuelven los problemas importantes que vayan surgiendo, como un reclutamiento lento, procedimientos del protocolo difíciles de cumplir o conflictos internacionales que puedan afectar al desarrollo del estudio

Cualidades

Los gerentes de operaciones tienen unas capacidades de organización muy altas, son buenos negociadores y saben gestionar al personal. Necesitan ser resolutivos en cuanto a buscar una solución a problemas logísticos y ser muy ágiles a la hora de implementarla. Tienen una visión de conjunto sobre las actividades de la empresa y lideran a personas que están a su cargo para que ellas vayan a los detalles.

Estudios profesionales necesarios

La mayoría tienen estudios científicos, como Biología, Bioquímica, Química o Ingeniería Química. Dependiendo del sector podrán tener otras carreras, como Farmacia, Veterinaria, Nutrición y Dietética, etc. A veces también hay profesionales que han estudiado otras carreras, como Administración y Gestión de Empresas, pero normalmente tienen mucha experiencia en el sector y conocen bien la parte operacional.

41. Gerente de inteligencia competitiva/ Análisis de negocio/Estudio de mercado – *Competitive Intelligence/Business Analyst/Market Research Manager*

#competidores #investigación #análisis *#pipeline* #cuotademercado

Trabajo que desempeña

Los gerentes de inteligencia competitiva (también denominados gerentes de análisis de negocio o de estudio de mercado) son los encargados de recopilar y analizar la información disponible de los competidores para distribuirla internamente y así mejorar la estrategia de la empresa. Para ello, asisten a congresos, simposios, ferias y charlas y revisan publicaciones, comunicados de prensa, redes sociales y solicitudes de aprobación. Los hay en diferentes industrias, siendo la más común la industria farmacéutica por la gran cantidad de investigación que se desarrolla, la considerable inversión económica que se necesita para sacar un fármaco al mercado y por la posibilidad de obtener amplios beneficios si los resultados son positivos. Es por ello por lo que están al corriente tanto de los avances clínicos y traslacionales (estudios en humanos) como preclínicos (estudios en animales).

Antes de asistir a un congreso, revisan cuáles son las presentaciones relevantes para atender y obtener fotos de los datos presentados que puedan ser relevantes al fármaco o enfermedad que tienen asignados. Durante o después del congreso, se encargan de resumir la información presentada de una investigación para poder distribuirla internamente a las personas que les sea relevante. También realizan análisis más profundos combinando diferente información para los ejecutivos de la empresa y los gerentes de desarrollo de negocio.

Dentro de la empresa, trabajan muy de cerca con los gerentes de producto, el departamento médico y el de desarrollo de negocio, para entender mejor cuál es la actual estrategia de un determinado fármaco o enfermedad. Estos profesionales también los guían sobre cuál es la competencia para cada uno de los fármacos y qué posibles dianas terapéuticas podrían interesar a la empresa. También pueden intentar hablar con personas en los congresos, algo denominado *soft intell(igence)*, que se refiere a los pensamientos, emociones, ideas, sentimientos y sugerencias de una persona sobre un producto o tema. Y esto implica tanto a personas internas como externas de la empresa, ya que puede que hayan asistido a congresos más pequeños a los que los de inteligencia competitiva no han acudido o porque están en contacto más estrecho con investigadores o con colaboradores de otras empresas.

A veces, las empresas medianas y pequeñas no se pueden permitir tener a un gerente de inteligencia competitiva contratado por ellos, por lo que los empleados de los diferentes departamentos lo hacen de una manera más informal y esporádica. En ocasiones, contratan los servicios de una consultoría donde trabajan profesionales de inteligencia competitiva para pedir que les hagan los análisis de mercado o compran análisis específicos ya disponibles, que suelen ser de mercados muy competitivos como el cáncer de pulmón, el alzhéimer o la hepatitis B.

Cualidades

Los gerentes de inteligencia competitiva tienen grandes capacidades de análisis, integración y síntesis de información. Son personas muy organizadas, con don de gentes y diplomáticas. Saben dónde y cómo encontrar la información que necesita su empresa y cómo presentarla de manera concisa para que a los que va dirigida lo puedan entender de forma rápida y clara.

Estudios profesionales necesarios

En su gran mayoría han estudiado carreras científicas, pero también los hay de otras carreras como *Marketing* o Administración y Gestión de Empresas. No es necesario tener el doctorado, pero podría dar un plus.

42. Gerente de transferencia de tecnología – *Technology Transfer Manager*

#aplicabilidad #transversal #acuerdo #desarrollo #innovación

Trabajo que desempeña

El gerente de transferencia tecnológica hace de puente entre los descubrimientos e ideas científicas de centros de investigación con la industria farmacéutica y biotecnológica principalmente, para poder establecer una colaboración o la venta de la patente del descubrimiento. Este puesto es menos frecuente en los campos de la química, alimentaria o cosmética, ya que los productos de estas industrias se suelen desarrollar internamente en las empresas y por tanto no hay tanta investigación académica sobre ellos. Maneja las relaciones de su centro con los profesionales de estas industrias o posibles inversores, ayudando a «traducir» o comunicar los posibles descubrimientos e ideas de los investigadores académicos de una manera más sencilla, para que estos puedan valorar si podrían llegar a ser un producto que se pudiera comercializar.

Internamente, se encarga de seleccionar descubrimientos científicos dentro de su organización que puedan ser potencialmente transferibles a la industria. Cuando identifica un descubrimiento o idea que puede llegar a convertirse en un producto, comienza a mirar la manera de protegerlo antes de que se haga público (por ejemplo, con una patente). También hace de guía con los científicos, evaluando qué más datos o desarrollo se necesitarían para que la idea sea más atractiva para su posible comercialización. También hacen una investigación exhaustiva sobre los posibles competidores y así distinguir cuáles serían las ventajas del producto con respecto a la competencia. Ayudan a valorar económicamente el descubrimiento para poder hacer acuerdos beneficiosos con la industria. Comienzan a identificar a los posibles clientes a los que puedan interesarles el descubrimiento en concreto, iniciando el contacto con ellos y así, más adelante, organizar reuniones para poder acercar ambas partes. Un ejemplo de este proceso sería lo que ocurrió con el fármaco antivírico tenofovir, que fue descubierto por dos investigadores de un instituto de investigación de Praga y de Lovaina (Bélgica) y desarrollado por la empresa Gilead.

Trabajan principalmente en las universidades, hospitales y centros de investigación. Son personas que tienen que tener conocimientos sobre el campo o campos a los que se dedique la transferencia de resultados. Asisten regularmente a los congresos y ferias de la industria, leen las últimas publicaciones y están al tanto de lo que es tendencia. Realizan eventos y reuniones internas para conocer lo que se está investigando en su centro de trabajo. También colaboran con los científicos en la preparación de la documentación para conseguir más financiación, aunque eso lo suelen liderar los gestores de proyectos.

En algunos casos, la mejor manera de desarrollar la idea de un investigador es crear una empresa *spin-off*[7], por lo que estos profesionales ayudan al investigador a poder desarrollarla, intentando conseguir inversores y otras fuentes de financiación. Los gerentes de transferencia de tecnología dan el apoyo administra-

---

[7] Empresa que se crea independientemente de la universidad donde se ha gestado la creación y desarrollo del producto, contando también con investigadores y técnicos que formaban parte del equipo. En muchos casos, se siguen usando las instalaciones de la universidad a través de un convenio.

tivo necesario para que el emprendedor pueda llevar a cabo la creación de la empresa. Un ejemplo de esto en nuestro país sería la empresa Peptomyc, una *spin-off* del Vall d'Hebrón Instituto de Oncología, creada por las investigadoras Laura Soucek y Marie-Eve Beaulieu.

Cualidades

Son buenos comunicadores orales y escritos y con mucha capacidad de escuchar, sintetizar y simplificar las ideas de los científicos. Tienen muy buen don de gentes, saben relacionarse con personas con diferentes disciplinas (científicos, gerentes de desarrollo de negocio e inversores, principalmente) de una manera efectiva.

Estudios profesionales necesarios

La mayoría de los gerentes de transferencia de tecnología tienen carreras científicas, algunos también tienen carreras sanitarias, pero es menos común. Muchos de ellos han realizado doctorado y posdoctorado. También hay gestores que han estudiado otras carreras como Informática e Ingenierías, especialmente aquellos que se dediquen a la transferencia de ideas tecnológicas, *software*, aparatos médicos y de diagnóstico.

43. Gerente de desarrollo de negocio – *Business Development Manager*

#oportunidad #fusiones #adquisiciones #colaboraciones #inversión

Trabajo que desempeña

Los gerentes de desarrollo de negocio trabajan en empresas ayudando a expandir el negocio y obtener más ganancias por medio de compra de parte o la totalidad de una empresa, colaboraciones, alianzas, licencias o compra de patentes. Ayudan a definir estrategias de comercialización junto con el departamento de ventas y *marketing* para así posicionar mejor los productos propios. Va de la mano junto con el departamento de innovación para establecer oportunidades que, además de aumentar los beneficios, proporcionen innovación a sus productos o en los procesos internos de la empresa.

Una de las actividades que realizan para expandir el negocio es buscar y crear oportunidades externas, que se pueden identificar asistiendo a congresos, charlas, reuniones con investigadores, eventos en hospitales y universidades, publicaciones, comunicados de prensa, entre otros. También están en comunicación constante con diferentes personas dentro de la empresa, ya que muchas de ellas estarán en contacto más estrecho con investigadores o asistirán a reuniones donde se pueden ver nuevas ideas y descubrimientos que aún no se han divulgado ampliamente. Si ha habido conformidad entre los directores de la empresa, pueden iniciar la compra de las patentes de moléculas, formulaciones, nuevos materiales, *software* digital, aparatos médicos o de diagnóstico, normalmente desarrollados en las universidades, hospitales y centros de investigación. También pueden establecer colaboraciones para que se generen más datos conjuntamente sobre ellos para decidir finalmente sobre la compra.

En muchas ocasiones, hay alianzas estratégicas entre compañías. Una muy común es entre una pequeña o mediana empresa de biotecnología y una farmacéutica, donde la empresa biotecnológica ha desarrollado un fármaco prometedor hasta los estudios preclínicos o clínicos en fases tempranas, pero no tiene la capacidad de realizar ensayos más grandes por no estar presente en muchos países, por no tener contratado el personal suficiente, por no tener la experiencia en ese campo o por la capacidad de manufactura y distribución, entre otras cosas. Las empresas farmacéuticas suelen estar presentes en muchos países y tienen mucho personal contratado para realizar ensayos clínicos en las últimas fases y conseguir la aprobación de los fármacos al estar desarrollando varios propios de manera continua.

Otras posibles sinergias son entre dos empresas farmacéuticas porque se quiere probar la combinación de dos fármacos en los ensayos que pertenecen a cada una de ellas. Normalmente, una de ellas lleva el liderazgo del desarrollo y de las decisiones, pero todo tiene que estar consensuado según el contrato que hayan establecido. Cuando no tiene experiencia en un campo (conocido en inglés como *expertise* o *know-how*) o simplemente le costaría mucho más hacerlo ellos (*in-house*) que fuera, se deciden a establecer licencias a otras empresas interesadas para recibir un porcentaje de las ventas cuando se comercialice (conocido en inglés como *royalties*). En otros sectores diferentes del farmacéutico esto es menos común, ya que el desarrollo del producto es menos costoso y se tarda menos tiempo. También existen sinergias entre empresas cuando no se conoce el mercado: suele ocurrir mucho cuando empresas occidentales quieren expandirse, por ejemplo, en el mercado asiático y esto sí que ocurre tanto en empresas farmacéuticas como en otros sectores.

Otra modalidad de expansión de negocio es la compra de una empresa más pequeña, de una parte de una empresa o la fusión de dos empresas de tamaño parecido. A lo largo de la historia han ocurrido muchas fusiones o compras de empresas; por ejemplo: AstraZeneca viene de la fusión de Astra AB y Zeneca Group PLC, que posteriormente compró MedImmune y Alexion; Glaxo SmithKline viene de la fusión de Glaxo Wellcome y SmithKline Beecham, y posteriormente compró la división de vacunas y de genéricos de Novartis.

Cualidades

Los gerentes de desarrollo de negocio son muy estratégicos, creativos y curiosos, se hacen preguntas continuamente. Van un paso por delante, ya que intentan adelantarse a los movimientos del mercado. Son personas muy activas y leen mucho para estar informados.

Estudios profesionales necesarios

Los gerentes de negocio han estudiado carreras científicas y sanitarias y muchos de ellos han hecho posteriormente un MBA o estudios de finanzas.

44. Analista de investigación de acciones, Inversor – *Equity Research Analyst, Investor*

#bolsa #bancos #acciones #inversión #mercadofinanciero

Trabajo que desempeña

Los analistas de investigación de acciones realizan investigaciones sobre empresas farmacéuticas, biotecnológicas, aparatos médicos, de diagnóstico, aparatos y kits de investigación, principalmente para identificar oportunidades de inversión (compra de acciones, bonos, etc.). Analizan el historial de las acciones de las empresas, su *pipeline* (productos en desarrollo y comercializados), noticias e informes de empresas de consultoría y tendencias de la industria para obtener una comprensión profunda del panorama del mercado.

Trabajan en bancos y empresas de corretaje o brókeres. En los bancos, se dedican a crear la parte del porfolio de acciones (*stocks*) de empresas científicas y de salud de los fondos mutuos (*mutual funds*), fondos de cobertura (*hedge funds*) y otros fondos que son los que les van a ofrecer a sus clientes para que inviertan su dinero.

Los inversores suelen trabajar en firmas de inversión (conocido en inglés como *venture capital*), o en grupos de *angels investors*. También existen personas que tienen otro trabajo e invierten su dinero en su tiempo libre, o simplemente se dedican a invertir dinero y viven de ello. Las firmas de inversión invierten dinero en empresas jóvenes (*startups* o *spin-offs*) que ya han tenido cierto recorrido, a cambio de tener una participación de ellas (*equity stake*).

Ambos profesionales están muy pendientes de los cambios en la bolsa, de noticias sobre los productos de las empresas y su *pipe-line*, de colaboraciones entre ellas, de licencias, fusiones y adquisiciones, tendencias en el sector, etc. También de investigaciones punteras sobre investigadores, especialmente en universidades de prestigio donde hay muchas *spin-offs* (ver «Científico de desarrollo»), como la Universidad de Harvard en Boston (EE. UU.) o la Universidad de Cambridge en Reino Unido.

Cualidades

Los analistas de investigación de acciones e inversores van un paso por delante, ya que intentan adelantarse a los movimientos del mercado para saber qué fármacos y productos pueden ser líderes en ventas (denominados *blockbusters drugs*) según como va avanzando el desarrollo clínico. También trabajan en empresas con un *pipeline* de medicamentos muy robustos o muy innovadores. Son personas activas, leen mucho y hablan con mucha gente para estar informados.

Estudios profesionales necesarios

Los analistas de investigación de acciones e inversores han estudiado carreras científicas y sanitarias y muchos de ellos han hecho posteriormente un MBA o estudios de finanzas, para entender mejor cómo funciona la bolsa, los activos financieros y la diferente terminología financiera.

45. Gerente de innovación – *Innovation Manager*

#creatividad #desarrollo #mejora #modernización #cambio

Trabajo que desempeña

El gerente de innovación es un puesto relativamente reciente como tal, ya que la innovación siempre ha existido para que se vayan mejorando los productos, los procedimientos o las técnicas de un campo en concreto. La función del gerente de innovación es incentivar y gestionar la mejora de los productos, las tecnologías y los procesos en hospitales, universidades, organizaciones y empresas. Es decir, su trabajo es tanto el de innovar como el de fomentar y guiar la innovación en su lugar de trabajo.

Para llevar a cabo su tarea, establece un plan de innovación en el que prepara, junto con otras personas de la organización, lo que se quiere conseguir a corto y largo plazo y así establecer una estrategia en los próximos años. En su día a día, organiza sesiones de *brainstorming* entre las partes implicadas para generar nuevas ideas y así fomentar la creatividad e innovación del personal. También investiga y prueba diferentes tecnologías, procesos o ideas que pueda traer a su organización y se encarga de valorar las diferentes soluciones según su coste, posibles mejoras y probabilidad de que sea aceptado por el personal y por la junta directiva. Cuando una solución ha sido elegida, se encarga de su implementación y gestión económica hasta el final del proceso. Es decir, son *project managers* de los diferentes proyectos que van a llevar a cabo para mejorar la innovación en su centro de trabajo.

Es muy importante que el gerente de innovación recoja los comentarios de sus compañeros antes y después de la implementación de un proceso, un cambio de cultura o una nueva tecnología en la organización, para medir si la elección ha conducido a una mejora y el personal está contento por ello. También es fundamental conocer las opiniones de los clientes de la organización, especialmente cuando se ha sacado un producto nuevo o se han implementado cambios para dar un mejor servicio al público.

Ha de estar en formación continua, asistir a cursos, congresos y ferias sobre la innovación o sobre los productos y servicios que se elaboran y se usan en su centro de trabajo. También tiene que estar muy al tanto de las nuevas tecnologías que salen y sus aplicaciones al negocio de su organización.

Cualidades

El gerente de innovación tiene buenas dotes para la comunicación, capacidad de escucha y comprensión de los problemas y necesidades de su organización. Debe conocer bien cómo funciona su lugar de trabajo, cuáles son los competidores, cómo se elaboran sus productos y cómo se da servicio a los clientes. Son personas abiertas, creativas, curiosas y con capacidad de influir de manera positiva en los demás para generar innovación y entusiasmo hacia los posibles cambios que se vayan a realizar. Son capaces de liderar y crear un ambiente de equipo para que los diferentes miembros se sientan cómodos expresando sus opiniones.

Estudios profesionales necesarios

Los gerentes de innovación vienen de diferentes carreras universitarias, suelen ser en su mayoría científicas y sanitarias, ya que lo más probable es que necesiten conocimientos científicos y médicos para conocer el funcionamiento de su organización. Sin embargo, esto no quita para que otras carreras como Administración y Gestión de Empresas, Informática o incluso Periodismo puedan acceder, pero necesitarán formación interna o externa para conocer cómo funcionan los hospitales, universidades, empresas farmacéuticas y otros centros científicos para poder tener un impacto. Muchos de ellos han hecho un máster de innovación o de *Digital Health* o simplemente tienen la experiencia o las aptitudes necesarias para el puesto, ya que llevan mucho tiempo trabajando en la organización y conocen perfectamente su funcionamiento.

46. Oficial de patentes/Examinador de patentes, Gerente de propiedad intelectual – *Patent Officer, Intellectual Property Manager*

#invento #originalidad #leyes #privilegio #protección

Trabajo que desempeña

Los oficiales o examinadores de patentes trabajan en las agencias regulatorias de la propiedad intelectual revisando las solicitudes de patentes que, en el contexto de este libro, son las relacionadas con las ciencias naturales y de la salud. En España tenemos la Oficina Española de Patentes y Marcas (OEPM); en Europa, la Oficina de Propiedad Intelectual de la Unión Europea (EUIPO), y la oficina mundial se llama World Intellectual Property Organization (WIPO). Una patente es una protección legal a una invención que da lugar al creador a poder hacer crecer su negocio y seguir innovando de una manera más segura, ya que impide que otros lo fabriquen, usen o vendan sin su consentimiento o pago por sus derechos. Ejemplos de estas solicitudes serían la estructura química de un fármaco, un robot de cirugía o la secuencia de una molécula de ADN sintético.

A lo largo de la historia ha habido muchas controversias sobre lo que se puede y no patentar. Casos concretos que han ido a la Corte Suprema han sido los genes relacionados con susceptibilidad al cáncer de mama y ovario BRCA1/2, descubiertos por la empresa Myriad Genetics, o los microorganismos modificados genéticamente para la limpieza de vertidos de petróleo al océano, creados por el biólogo Ananda Mohan Chakrabarty.

Su función principal es asegurarse de que la solicitud de la patente que están revisando sea nueva, clara e innovadora, que no corresponda a un pequeño cambio de algo que ya existe. Para ello, tiene que revisar patentes relacionadas con el producto tanto en su país como fuera, bases de datos, libros y artículos técnicos. También necesita entender bien cómo funciona el producto que se está intentando patentar y cuánto de innovador es según su experiencia y conocimientos. A partir de aquí se debe determinar si se sigue adelante o no con la solicitud. Si es así, tiene que trabajar estrechamente con el solicitante de la patente para que su solicitud esté dentro del marco legal, con todos los requisitos que se necesitan para completar el proceso. Si el examinador cree que el producto no es nuevo, claro o innovador, redactará un informe para enviárselo al solicitante para que cambie su solicitud o decida revocarla. Los examinadores de patentes trabajan muy de cerca con abogados especializados en leyes sobre este tema, aunque ellos se habrán formado dentro de su oficina sobre conceptos legales generales que apliquen al tipo de patentes que revisan.

Normalmente las patentes se dan por un máximo de veinte años. En el caso de los fármacos, estas patentes se solicitan cuando se están realizando los ensayos preclínicos (en células y animales), por lo que cuando salen al mercado suelen quedar unos diez o doce años de patente. Cuando esta expira, saldrán al mercado los genéricos (copias exactas de la estructura química del fármaco si es de molécula pequeña) o biosimilares (proteína que se parece a la del biológico que intenta asemejar). Para la aprobación de estos fármacos se necesitan hacer estudios de bioequivalencia o biosimilitud respectivamente, haciendo una comparación con el fármaco original. A otros productos científicos y sanitarios les suelen quedar más años de patente cuando se empieza a comercializar, ya que los ensayos o pruebas que necesitan hacerse desde que se patenta el prototipo son más cortos que los ensayos de fármacos.

El gerente de propiedad intelectual trabaja en empresas, universidades y hospitales para revisar si un producto es patentable y, de ser así, que no lo haya hecho otra persona antes, para pasar después a recopilar y preparar toda la información necesaria para registrar el producto en la oficina de patentes. La mayoría trabajan principalmente en la industria farmacéutica, pero también los hay en diagnóstico y aparatos médicos. Algunos trabajan en consultorías para dar servicio a empresas más pequeñas que no tienen uno en su plantilla. Las universidades y hospitales universitarios cuentan también con gerentes de propiedad intelectual, especialmente aquellas donde existe una larga tradición de descubrimientos que se han convertido en productos comercializables, como por ejemplo la Universidad de Cambridge en Reino Unido o Harvard en Boston, Estados Unidos. Su labor es muy parecida a la que realizan los gerentes en las empresas o consultorías.

Cualidades

El examinador de patentes y el gerente de propiedad intelectual son muy organizados, rigurosos y con gran atención al detalle. Tienen que tener buenas dotes de comprensión escrita y rapidez de lectura y ser muy metódicos a la hora de revisar la documentación. Es importante tener otras dotes como visión espacial, comprender las anotaciones de bocetos de prototipos o conocer los tecnicismos de un tema concreto.

Estudios profesionales necesarios

Para ser examinador de patentes o gerente de la propiedad intelectual es necesario haber estudiado una carrera científica o sanitaria. Estudios de doctorado y posdoctorado ayudarán a conseguir más fácilmente un trabajo al tener conocimientos extensos sobre procedimientos de laboratorio, síntesis de moléculas o desarrollo de productos médicos, entre otras cosas. Saber varios idiomas es bastante importante en este trabajo, pues hay que revisar documentación de patentes de otros países.

47. Gestor de salud – *Public Health Manager*

#hospital #organigrama #emergencias #saludpública #protocolo

Trabajo que desempeña

Los gestores de salud trabajan en hospitales públicos y privados, geriátricos, ambulatorios, ayuntamientos y en el Gobierno, y su función es variada dependiendo de si trabajan en un centro hospitalario o para un organismo público. En un hospital o ambulatorio, se encarga de administrar los recursos asignados a su centro de trabajo, gestionar los espacios físicos, organizar al personal y la estructura jerárquica de la organización. Forman parte de la junta directiva del centro y establecen ciertas normas de convivencia dentro del centro de trabajo. Constituyen los protocolos de emergencia en caso de tener, por ejemplo, una llegada intensa de pacientes debido a una intoxicación masiva, un accidente a gran escala o una epidemia, pacientes con infecciones altamente contagiosas o pacientes graves referidos de otros centros.

En el Gobierno, ayuntamientos y otros organismos públicos, organizan los protocolos de emergencia en el caso de epidemias (evacuación, desinfección, diagnóstico) o cualquier situación que pueda causar una amenaza a la salud pública (riesgos ambientales como incendios, erupciones de volcanes, terremotos, etc.). Consulta a diferentes profesionales sanitarios para la gestión de los eventos y sucesos que ocurran (por ejemplo, vulcanólogos, ambientólogos, biólogos, médicos especialistas en enfermedades infecciosas, etc.). También los hay que establecen los protocolos de seguridad alimentaria (protocolos para los comedores escolares y restauración), para gestionar problemas de salud pública como el alcoholismo, consumo de drogas y tabaquismo, para la gestión y análisis de aguas residuales, gestión de basuras o brotes de enfermedades que puedan amenazar la vida de las personas.

Cualidades

El gestor de salud necesita ser muy buen comunicador, tanto oral como escrito, para poder desarrollar su trabajo. Esto es esencial a la hora de hacer comunicados a la población, ya que se tiene que balancear el dar una información correcta sobre los peligros de la situación, pero también transmitir calma, paciencia y confianza sobre las medidas que se están tomando. Tienen que ser muy buenos negociadores, diplomáticos y saber gestionar conflictos. Saben tomar decisiones que se implementarán a gran escala, por lo que tienen que saber gestionar presupuestos y personas.

Estudios profesionales necesarios

Los gestores de salud tienen carreras de la rama sanitaria, normalmente Medicina y en menor medida Enfermería y Farmacia, dependiendo de cuál sea la responsabilidad. Algunos han hecho másteres de gestión de salud pública, que les ayudan a mejorar las opciones de empleo. Muchos de los que trabajan para organismos públicos son epidemiólogos.

48. Médico/Doctor – *Physician/Medical Doctor*

#diagnosticar #curar #tratamiento #acompañamiento #salud

Trabajo que desempeña

El médico se encarga de mejorar la salud de las personas a través de cuatro tareas principales, donde una será más predominante que las otras dependiendo de la especialidad elegida. La primera sería la prevención de enfermedades, especialmente con el uso de vacunas y pruebas de cribado. La segunda tarea sería diagnosticar enfermedades, mediante la petición de pruebas y análisis de muestras biológicas. La tercera labor principal es curar a los pacientes a través de fármacos, operaciones u otras intervenciones médicas que pueda realizar. Y la última sería el acompañamiento para la mejora de la calidad de vida en pacientes con enfermedades crónicas, como el cáncer o el párkinson, o acompañamiento de procesos de vida como sería en pacientes embarazadas o en pacientes de los que se espera un fallecimiento a corto plazo.

Realiza su trabajo principalmente en ambulatorios, hospitales públicos y privados y consultas privadas. También existen las especialidades de médico de empresa, que trabaja por horas o está fijo según el tamaño de la empresa, y médico forense, que trabaja en los juzgados. También hay médicos trabajando en residencias de ancianos, centros penitenciarios y en el mundo militar.

Hay médicos que no tienen un trato directo con el paciente (como serían los patólogos o muchos radiólogos) o es reducido (farmacólogos clínicos, anestesistas). Otras especialidades médicas tienen un contacto directo permanente, pero más acotado (médicos de urgencias, traumatólogos), mientras que otros especialistas siguen pacientes por años, como es el médico de cabecera o el pediatra, donde este seguimiento puede llegar a ser continuo e intenso cuando son enfermedades crónicas graves (oncólogo, neurólogo). La gran mayoría de todos ellos tienen que realizar guardias nocturnas y de fin de semana, especialmente al inicio de la carrera.

El trabajo del médico se suele desarrollar en equipo con otros médicos de diferente especialidad, así como con farmacéuticos, enfermeros, biólogos sanitarios, técnicos, auxiliares y administrativos. Suelen tener visitas de visitadores médicos y MSL para recibir información sobre los medicamentos y aparatos médicos que usan en su día a día. Aquellos que también están involucrados en investigación clínica y traslacional interactúan con coordinadores de ensayos, gestores de datos, investigadores básicos, etc., dentro del hospital y con miembros de la industria, como serían los monitores del ensayo clínico.

Muchos médicos también se dedican a formar a nuevos médicos (residentes), hacer presentaciones internas para el equipo y dar clases en la universidad. Algunos dan charlas en simposios o congresos o son consultores en la industria (en los *steering committees* o *advisory boards)*. También, aunque menos común, trabajan como asesores para series televisivas o películas, como por ejemplo las series *Hospital Central* o *House* o películas como *Contagio*, para que haya rigor científico en los diálogos y la trama. La mayoría asisten a cursos y congresos y leen artículos científicos muy a menudo para estar en continua formación sobre su especialidad.

Cualidades

Las cualidades que debe tener un médico son rigurosidad médica, ética profesional y respeto al paciente. Por otro lado, es importante que sea empático, sepa escuchar a los pacientes y comprender por lo que están pasando, no solo el sufrimiento físico, sino el psicológico. Es esencial que comprenda el problema de salud que tienen sus pacientes para saber cómo actuar, manteniendo su dignidad en todo momento. Tiene que saber trabajar con un equipo multidisciplinar, especialmente aquellos que tratan enfermedades tan complejas como la oncología o la neurología o los que se dedican a la investigación clínica.

Estudios profesionales necesarios

Para trabajar como médico es necesario hacer la carrera de Medicina y, en la mayoría de los casos, presentarse al examen de MIR para elegir una especialidad, que suele durar cuatro-cinco años.

En países como Estados Unidos o Reino Unido existe la figura del asistente médico o médico asociado (llamado en inglés PA, *Physician Assistant* o *Physician Associate*), que requiere estudios más cortos para poder trabajar en ello.

49. Enfermero, Enfermero de ensayos clínicos – *Nurse, Study Nurse (SN)/ Clinical Research Nurse (CRN)*

#curas #cuidados #acompañamiento #comprensión #atención

Trabajo que desempeña

Los enfermeros se encargan de curar, cuidar, educar y acompañar a los pacientes desde una manera muy diversa, ya que hacen curas, administran tratamientos, extraen muestras, acompañan durante el parto o en los últimos días de vida de una persona, entre otras muchas cosas. Suelen rotar por diferentes servicios a lo largo de su carrera profesional, como por ejemplo oncología, radioterapia, paliativos o geriatría. Realizan su trabajo en ambulatorios, hospitales, clínicas privadas, residencias de ancianos y domicilios particulares. También pueden trabajar en empresas como enfermero de trabajo, en centros penitenciarios o incluso existe la especialidad de enfermería militar.

Prácticamente todos los enfermeros están siempre en contacto con el paciente, a diferencia de los médicos, donde hay especialistas que no tienen este contacto (por ejemplo, patólogos). Pueden estar en planta, en urgencias, en cuidados intensivos, en una consulta o en hospitales de día. Trabajan de manera conjunta con médicos, farmacéuticos, nutricionistas, auxiliares de enfermería y administrativos para conseguir una atención integral del paciente. Realizan guardias nocturnas y de fin de semana y, a veces, hacen desplazamientos a domicilios privados cuando el paciente no puede ir al hospital o ambulatorio. En algunos países, las matronas asisten a las mujeres para que tengan el parto en sus casas.

En España, desde hace unos años, los enfermeros pueden prescribir ciertos fármacos, sobre todo aquellos que no están sujetos a un diagnóstico previo médico. En algunos países ya lo hacían desde hace tiempo y en otros aún no es posible. En las plantas de hospital y hospitales de día, principalmente, se encargan, junto con auxiliares de enfermería, del mantenimiento y control de los medicamentos y productos sanitarios que se tienen en esas zonas para su uso inmediato.

En hospitales grandes existe la figura de enfermero de investigación (conocido por sus siglas en inglés SN o CRN), que se encarga de realizar los procedimientos del protocolo de un ensayo clínico, como son la administración del tratamiento, extracción de muestras, toma de constantes, etc. Dependiendo de la estructura y del número de ensayos en el hospital, se dedicará solo a la investigación o lo combinará con tareas asistenciales. Los enfermeros que se dedican a los ensayos clínicos en hospitales más pequeños y ambulatorios, además de las tareas propias del enfermero, suelen realizar las tareas de gestor de datos y de coordinador del ensayo. También participan en proyectos de investigación iniciados por médicos, científicos o los suyos propios.

Hay enfermeros que continúan sus estudios realizando un doctorado, normalmente sobre la especialidad que están trabajando. También dan clases en la universidad, publican artículos, pósteres y se mantienen muy activos en su formación atendiendo a cursos, simposios y congresos sobre su especialidad. Los que se dedican a ensayos clínicos, cuando es posible, suelen asistir a las reuniones de investigadores organizadas por el laboratorio farmacéutico, donde se explica el protocolo y todo lo referente al fármaco experimental.

Cualidades

Los enfermeros son muy empáticos, diligentes y comprensivos con los problemas del paciente. Su preocupación principal es que se encuentre bien en todo momento, administrando su medicación, tomando sus constantes o realizando su higiene personal, entre otras muchas cosas. Tienen conocimientos muy prácticos sobre la clínica de la enfermedad y saben responder rápido ante situaciones de emergencia. Los enfermeros que se dedican a la investigación suelen ser muy ordenados y metódicos, conocen las buenas prácticas clínicas y cómo funciona un protocolo de investigación.

Estudios profesionales necesarios

Para ser enfermero, hay que estudiar la carrera de Enfermería. Hay algunos puestos que requieren cierta especialización, como es el de matrona, salud mental, geriatría, familiar y comunitaria, cuidados médico-quirúrgicos y pediátrica. También hay cursos y másteres de gestión y dirección de enfermería, enfocados a dirigir equipos, aunque a día de hoy no es requisito para llegar al puesto, sino que muchas veces lo realizan aquellas personas que ya están en esos puestos de dirección.

50. Farmacéutico – *Pharmacist*

#medicamentos #composición #formulación
#productosanitario #consejo

Trabajo que desempeña

Los farmacéuticos almacenan, buscan, preparan y dispensan medicamentos, kits de diagnóstico y otros productos sanitarios y aconsejan sobre su buen uso a pacientes. Trabajan principalmente en farmacias a pie de calle (llamadas antiguamente boticas) y en farmacias hospitalarias. También existe la especialidad de farmacia militar, que es menos conocida, pero tiene mucha variedad y comparte tareas propias de químicos.

A pie de calle, aconsejan directamente a los pacientes y dispensan fármacos recetados por los médicos, fármacos sin receta (denominados en inglés OTC), complementos alimenticios, productos sanitarios, de higiene personal, cremas, champús, etc. En algunas ocasiones hacen preparaciones magistrales e individualizadas a los pacientes. A aquellas farmacias que no venden fármacos con receta se las llama parafarmacias y suelen tener una gama más amplia de complementos alimenticios, vitaminas y homeopatía que una farmacia.

En los hospitales hay tres servicios principales de la farmacia y dependiendo del tamaño del hospital estarán juntas o separadas o incluso puede que haya varios puntos en los diferentes edificios del complejo hospitalario: hay aquellas que dispensan medicamentos directamente al paciente, aquellas que dispensan medicamentos a la planta/hospital de día y aquellas que preparan la medicación para que pueda ser infundida.

En España, los medicamentos que se dispensan directamente a los pacientes en el hospital no se pueden adquirir en las farmacias a pie de calle porque son para enfermedades muy graves como el cáncer, la esclerosis múltiple, etc. Suelen ser muy caros y en algunos casos se ha tenido que hacer un control muy riguroso sobre la dispensación (ej. fármacos para la hepatitis C). El farmacéutico que dispensa este tipo de medicación siempre vuelve a recordar al paciente cómo debe tomarla y en qué momento del día y le informa sobre los efectos secundarios de nuevo si fuera necesario.

Las farmacias que dispensan los medicamentos y complementos nutricionales para la planta u hospital de día son espacios de gran superficie donde se almacenan miles de medicamentos, se lleva un control de la temperatura, de las cantidades y se dispensan fármacos orales y también viales para su posterior preparación. Aconsejan al personal sanitario sobre la interacción de medicamentos y trabajan muy de cerca con farmacólogos clínicos y el médico tratante para dilucidar si alguna enfermedad ha podido ser causada por algún fármaco que esté usando el paciente. Gestionan las compras de los medicamentos con los proveedores. En las salas de preparación o «salas blancas», se dedican a hacer los preparados de los medicamentos que están en viales y reconstituirlos en bolsas para su posterior infusión al paciente. También realizan fórmulas magistrales y redosificaciones de fármacos y hacen un doble chequeo (validación) de las dosis prescritas por los médicos.

Participan en proyectos de investigación y ensayos clínicos, siendo su función similar al trabajo asistencial (recepción, dispensación y validación de los fármacos), pero también tienen que dejar registrados los medicamentos que se dispensan a cada paciente: el número de lote del vial, caja o bote de cada uno de ellos, la cantidad, el día y hora de preparación, el volumen preparado, etc. Dependiendo de cómo estén organizados los hospitales, puede que se encarguen también de realizar el IWRS, que es el programa que indica si hay que preparar placebo o medicamento experimental; entregar los diarios de medicación, donde el paciente apunta si se toma o no la medicación entre visita y visita del ensayo; recoger la medicación no tomada en la visita anterior del ensayo, y hacer la contabilidad para valorar el cumplimento (conocido en inglés como *compliance*), que es calcular si el paciente se ha tomado toda la medicación que debería según el protocolo del estudio. También da soporte educacional al paciente que participa en los ensayos, sobre todo en ensayos de fase I.

Los farmacéuticos militares realizan tareas más variadas, como suministro de medicación en bases militares y buques y apoyo en las evacuaciones aéreas y en las misiones especiales para el mantenimiento de paz. También realiza actividades relacionadas con la química: análisis de aguas y control de calidad (potabilización), análisis de tóxicos y drogas, inspecciones de legionela, etc. Dan clases en las escuelas militares, participan en algunas labores de investigación y pueden obtener plazas FIR destinadas al Ministerio de Defensa para trabajar en hospitales.

Tanto los farmacéuticos de a pie de calle como de hospital y militares trabajan hasta tarde, realizan guardias nocturnas y de fin de semana. Los que trabajan en el hospital y militar muchas veces tienen que hacer dispensaciones y preparaciones urgentes en situaciones de emergencias.

En algunos países como Reino Unido existe el puesto de farmacéutico clínico o *Clinical Pharmacist* en los ambulatorios o centros de atención primaria. Trabajan muy de cerca con los médicos y enfermeras para la atención de pacientes que toman medicación crónica, pacientes de regímenes de medicación muy compleja o pacientes que han sido dados de alta después de una hospitalización, entre otras cosas.

Cualidades

Los farmacéuticos son muy organizados, con conocimientos sobre muchos fármacos diferentes, sus interacciones con alimentos, bebidas y otros fármacos y con una gran dedicación por ayudar al paciente y al personal sanitario que lo cuida. Son meticulosos, precisos y con gran atención al detalle. Tienen buenas habilidades comunicativas y son muy activos en su formación sobre los nuevos fármacos que salen al mercado, especialmente sus efectos secundarios e interacciones.

Estudios profesionales necesarios

Para ser farmacéutico, hay que estudiar la carrera de Farmacia. Aquellos que deseen trabajar en un hospital, tienen que presentarse a los exámenes de FIR para obtener una plaza. En España, para poder abrir una farmacia a pie de calle hay que obtener una licencia por parte del Ministerio de Sanidad, que regula el número de farmacias por localidad. Para ser farmacéutico militar hay que hacer un examen similar al FIR.

51. Nutricionista/Dietista –
Nutritionist/Dietist

#alimentos #dietaequilibrada #salud #vitaminas #suplementos

Trabajo que desempeña

El nutricionista o dietista se encarga de fomentar y velar por la salud alimentaria de las personas. Puede trabajar en hospitales, clínicas privadas, consultas propias e incluso gimnasios. En los hospitales, los nutricionistas diseñan dietas, aconsejan ayuno, recetan preparados dietéticos, soluciones parenterales y otros suplementos para pacientes ingresados según el problema médico que tengan o porque se van a someter a una intervención. Para ello, trabajan en equipo con los médicos, farmacéuticos y enfermeros para la atención del paciente. También tienen consultas externas para educar en la buena alimentación a pacientes diabéticos, con problemas de obesidad, de anorexia o bulimia, así como para atender a pacientes con cánceres y otras enfermedades del tracto digestivo. En muchas ocasiones recomiendan diferentes tipos de ejercicio físico para complementar las dietas o educan sobre la importancia de hacer deporte.

En las consultas propias o clínicas privadas, el nutricionista suele dedicar la mayor parte del tiempo a pacientes que quieren perder peso o aprender a comer de una manera más saludable. Trabajan conjuntamente con psicólogos privados para tratar a pacientes con desórdenes alimenticios. En estos últimos años están atendiendo a personas que llevan una dieta vegetariana o vegana para aconsejarles sobre suplementos vitamínicos para asegurarse de que están cubiertos. Y cada vez más, están aumentando las consultas para pacientes que reciben un tratamiento agresivo (ej.

quimioterapia) o que tienen una patología digestiva (cáncer gástrico, celíacos, intestino irritable, etc.), para aconsejarles alimentos que les pueden ayudar a mejorar la enfermedad y los efectos secundarios y cuáles deben evitar para tener una buena calidad de vida. Elaboran menús para empresas, comedores escolares, geriátricos, centros deportivos, cárceles, etc., y también aconsejan a restaurantes y hoteles para tener menús más saludables.

Algunos nutricionistas realizan investigación clínica para valorar una intervención nutricional parenteral, un suplemento alimenticio o vitamínico, una dieta, ejercicio físico, etc., tanto en pacientes como en personas sanas y embarazadas. Cuando son estudios con pacientes suelen colaborar con médicos de distintas especialidades, como, por ejemplo, en estos últimos años se está estudiando mucho el papel de la alimentación y la actividad física en relación con el cáncer y cómo una intervención de dieta y ejercicio podría prevenir una recaída. Comparan intervenciones quirúrgicas como la bariátrica para valorar los cambios en el índice de masa corporal, grasa corporal o valores analíticos en sangre (azúcar, colesterol, etc.). Realizan estudios observacionales para entender los hábitos alimenticios de una región o país y cómo estos van cambiando con el tiempo.

Cualidades

Los nutricionistas tienen unos conocimientos muy amplios sobre muchos alimentos, suplementos vitamínicos y otros complementos alimenticios. Tienen una gran capacidad de escucha, empatía hacia los demás y buenas dotes psicológicas. Saben comunicar de una manera clara y firme para intentar influir en el comportamiento alimentario de la persona. Son creativos a la hora de recomendar recetas o seleccionar las combinaciones de alimentos y bebidas que pueden ir bien al paciente según su estilo de vida y sus gustos. También son muy activos asistiendo a conferencias o leyendo artículos para estar al día de nuevos alimentos, recetas, dietas y necesidades que aparecen en la sociedad.

Estudios profesionales necesarios

Para ser nutricionista hay que estudiar la carrera o grado superior de Nutrición y Dietética, Ciencia y Tecnología de los Alimentos o estudios similares. Aquellos que quieran trabajar en hospitales públicos tienen que hacer oposiciones para obtener una plaza. También se puede acceder a ella estudiando Medicina y obteniendo la plaza MIR de endocrinología. Existen másteres que proporcionan diferentes especializaciones, como medicina deportiva, etc.

52. Biólogo sanitario, Químico sanitario, Físico sanitario – *Healthcare Biologist, Healthcare Chemist, Healthcare Physicist*

#diagnóstico #genética #microbiología #radiofármacos #radiación

Trabajo que desempeña

Los biólogos y químicos sanitarios trabajan en hospitales y clínicas privadas haciendo análisis de muestras biológicas para el diagnóstico de enfermedades, estudio de los procesos moleculares de una enfermedad, control, preparación y dispensación de radiofármacos, etc. En inglés, se les denomina *Healthcare biologist or chemist*, pero también se puede llamar *Clinical biologist or chemist*. Los biólogos sanitarios trabajan en el departamento de análisis clínicos, bioquímica clínica, inmunología, microbiología y anatomía patológica; los químicos sanitarios trabajan en análisis clínicos, bioquímica clínica, microbiología, anatomía patológica y el departamento de farmacia, y los radiofísicos en las unidades de diagnóstico por la imagen.

Los biólogos sanitarios tienen un papel esencial en el diagnóstico genético, inmunológico, infeccioso y molecular de enfermedades, colaborando con los médicos en la interpretación de los resultados del laboratorio en los casos dudosos o complejos. Ha habido un auge de la medicina personalizada o de precisión, en donde cada vez hay más fármacos (especialmente en oncología y hematología) que vienen acompañados de un test de diagnóstico para identificar aquellos pacientes que tienen más probabilidad de responder al fármaco. Estas pruebas son tanto de inmunohistoquímica como de biología molecular (mutaciones genéticas, alteración del número de copias de un gen, etc.) y normalmente se llevan a cabo en el servicio de anatomía patológica o en los centros de investigación asociados al hospital y los pueden realizar tanto biólogos como químicos sanitarios. También ha habido un gran incremento del diagnóstico genético y citogenético molecular pre y posnatal, especialmente los test prenatales no invasivos (detección del ADN del feto en la sangre de la madre). A estos biólogos que realizan pruebas genéticas diagnósticas se les llama biólogos sanitarios genetistas.

Las funciones de los químicos en los departamentos de análisis clínicos, bioquímica clínica, microbiología y anatomía patológica son muy similares a la del biólogo sanitario. La preparación y dispensación de radiofármacos en la farmacia del hospital solo puede ser realizada por químicos sanitarios.

Los radiofísicos sanitarios se encargan de medir y valorar las radiaciones a las que se van a ver sometidos los pacientes y planifican, aplican e investigan las técnicas radiológicas para diagnosticar o como terapia para los pacientes. También llevan a cabo el control de calidad y mantenimiento de los aparatos, las máquinas de las unidades de tratamiento, preparar la dosimetría de los pacientes que reciben radioterapia y el control de las dosis recibidas por los pacientes sometidos a pruebas diagnósticas con radiación.

Los biólogos, químicos y radiofísicos sanitarios trabajan en hospitales públicos, pero también lo hacen en clínicas privadas, clínicas propias, laboratorios de análisis de muestras y de diagnóstico por la imagen.

Cualidades

Los biólogos y químicos sanitarios tienen unos conocimientos científicos muy prácticos aplicados a la clínica. Son rigurosos y con una gran dedicación hacia los pacientes para completar su diagnóstico, aunque la mayoría no tienen un contacto directo con ellos. Los radiofísicos sanitarios sí que tratan directamente con los pacientes, donde se preocupan mucho para que reciban una dosis de radiación que sea segura. Saben trabajar en equipo y en un ambiente hospitalario, donde muchas veces hay que saber priorizar y realizar pruebas de urgencias.

Estudios profesionales necesarios

Para ser biólogo o químico sanitario, hay que estudiar la carrera de Biología, Química, Bioquímica, Biotecnología o carreras afines y después hacer la prueba del BIR o QIR. En este examen pueden elegir cuatro especialidades: análisis clínicos, microbiología y parasitología clínica, bioquímica clínica, inmunología (solo BIR) y radiofarmacia (solo QIR). Todas duran cuatro años excepto radiofarmacia, que es de tres años. En un futuro, esperemos que también se contemplen las especialidades de reproducción asistida y genética, en las que los biólogos son los profesionales mejor preparados y en donde a día de hoy ya tienen un rol esencial para la atención clínica de los pacientes y el desarrollo científico de estas especialidades. Para trabajar en un hospital privado o laboratorio de análisis clínicos privado no es necesario hacer este examen.

Para ser físico sanitario, hay que estudiar la carrera de Física y después hacer el examen del RFIR, donde hay varias especialidades de radiofísica: radioterapia, imagenología o protección radiológica. Al igual que los biólogos y químicos sanitarios, no se necesita hacer este examen si se quiere trabajar en un hospital privado o en un centro de diagnóstico por la imagen.

A día de hoy en España no hay muchas plazas en hospitales públicos para estos profesionales, pero en Europa sí que hay muchas más.

53. Asesor genético – *Genetic Counselor*

#genes #mutaciones #riesgo #hereditario #árbolgenealógico

Trabajo que desempeña

Los asesores genéticos trabajan dentro del consejo genético de un hospital para asesorar, educar y guiar a pacientes y sus familias cuando se han identificado mutaciones en genes que les causan una enfermedad genética o que les aumentan el riesgo de tenerla. Les proporcionan información sobre la enfermedad, síntomas, tratamientos, el pronóstico a corto y largo plazo y la posible transmisión a la descendencia si fuera el caso. Existen consejos genéticos para el cáncer, enfermedades sanguíneas, enfermedades metabólicas, etc., y también durante el embarazo, si se ha identificado alguna enfermedad genética en el feto. El equipo de consejo genético suele contar normalmente con un médico, un enfermero y un biólogo asesor, aunque en hospitales pequeños quizá sean los propios médicos especialistas en las enfermedades correspondientes quienes lo hagan (por ejemplo, hematólogos para el consejo genético de enfermedades sanguíneas).

Los asesores genéticos se encargan de recoger todos los datos del paciente y su historia familiar para determinar qué familiares tienen o podrían tener la misma enfermedad genética u otra que tenga relación con la principal del paciente. En muchos casos se aconseja que algunos familiares (especialmente los más cercanos) vengan a hacerse la prueba genética correspondiente o que aporten los informes si se la han hecho en otro centro. Con toda la información, construyen los árboles genealógicos para hacer el seguimiento de la transmisión de la enfermedad. Un árbol genealógico muy conocido es el de la transmisión de la hemofilia de la realeza europea, que se cree que se inició con la reina Victoria I de Inglaterra.

En los últimos años se ha incrementado el número de consultas sobre el cáncer, especialmente desde el descubrimiento de los genes BRCA1/2 asociados con el cáncer de mama, ovario y próstata, principalmente. Suele ser el médico que forma parte del consejo genético quien informa de las consecuencias clínicas de los hallazgos genéticos; por ejemplo, cuando una mujer tiene alguna mutación en los genes BRCA1/2, como medida preventiva, se le aconseja hacer una mastectomía y ooforectomía bilateral profiláctica (extirparse los dos pechos y los dos ovarios).

Los asesores genéticos leen muchos artículos y actualizaciones sobre su campo, especialmente si se identifican nuevos genes asociados con una enfermedad. Asisten a cursos, congresos y ellos también imparten charlas y clases en másteres de especialización.

Cualidades

El asesor genético tiene gran atención al detalle, con grandes conocimientos biológicos y clínicos sobre enfermedades genéticas y sus consecuencias en la vida de las personas. Tiene que ser empático para comprender el impacto que tiene el diagnóstico de las enfermedades genéticas. Es necesario saber trabajar en equipo junto con los médicos y enfermeros para proporcionar un buen asesoramiento al paciente.

Estudios profesionales necesarios

Se accede a este puesto con la carrera de Biología o Bioquímica. Existen másteres y cursos específicos sobre consejo genético que proporcionan una especialización sobre el tema. También se podría acceder, aunque menos frecuentemente, con otras carreras de la rama científica, pero sería necesario hacer los cursos de especialización para poder contar con los conocimientos necesarios para desarrollar la profesión.

A día de hoy no existen plazas públicas específicas para biólogos asesores genéticos en los hospitales públicos, los que trabajan en ellos están contratados por la fundación privada del hospital. Es por ello por lo que también hay médicos realizando estas tareas.

54. Biólogo de reproducción humana – *Reproductive biologist*

#fecundación*invitro* #fertilidad #óvulo
#embrión #inseminaciónartificial

Trabajo que desempeña

Los biólogos de reproducción humana trabajan en las clínicas de reproducción para el diagnóstico de problemas de fertilidad, preparación de los embriones para la fecundación *in vitro* (FIV, en inglés IVF) o congelación de óvulos y esperma, principalmente. Cuando una pareja no consigue que la mujer se quede embarazada, acuden a las clínicas de fertilidad para que se analicen las posibles causas de infertilidad, tanto en el hombre como en la mujer, y así poder ofrecer alguna solución. Una de ellas es la fecundación *in vitro*, en donde se extraen óvulos de la mujer y espermatozoides de la pareja, para seleccionar los mejores. Después se fecundan a través de la técnica de microinyección de espermatozoides, conocido en inglés como ICSI (*intracytoplasmic sperm injection*), y se hace una nueva selección de los mejores embriones usando los test genéticos preimplantacionales para implantarle algunos a la mujer y congelar el resto. Al biólogo de reproducción que maneja los gametos y los embriones se le llama también embriólogo. Cuando los óvulos de la mujer o los espermatozoides de la pareja no son viables, el centro les puede ofrecer la posibilidad de usar los de donantes para poder conseguir la fecundación. Otra de las soluciones a los problemas de fertilidad de las parejas que ofrecen es la inseminación artificial, que puede ser con espermatozoides seleccionados de la pareja o de un donante. Este método también es utilizado por madres solteras o parejas homosexuales.

Otra tecnología que ha salido en los últimos años es de la empresa INVOcell, que es un aparato para poder permitir el cultivo intravaginal de los embriones, donde se añaden los óvulos y los espermatozoides dentro del aparato INVOcell para que ocurra ahí la fecundación. De esta manera, el cultivo de embriones se desarrolla dentro de la madre y no en el laboratorio, como se hace normalmente. Después de unos días se extrae el aparato para que el embriólogo pueda seleccionar los embriones fecundados que vayan a tener viabilidad y se implantan en el útero de la madre algunos de ellos para que siga el proceso del embarazo.

Ha habido un incremento muy grande en los últimos años en lo referente a la preservación de la fertilidad, ya que cada vez hay más mujeres que congelan sus óvulos por el retraso en la edad de concebir y también se recomienda hacerlo en aquellas mujeres a las que se ha diagnosticado un cáncer antes de recibir quimioterapia y otros tratamientos anticancerígenos. También los hombres que reciben tratamientos contra el cáncer congelan su esperma. Estas muestras se guardan en el banco de muestras del centro junto con las de los donantes y los embriones fecundados por FIV. En España, la gestación subrogada (también llamado vientre de alquiler) está prohibida, pero en otros países como Estados Unidos o algunos de Latinoamérica sí que lo permiten.

Cualidades

Los biólogos de reproducción son muy cuidadosos e higiénicos con el material biológico que manejan, ya que este se tiene que mantener vivo y sin contaminar hasta el final del proceso. Son también muy minuciosos con la organización de las muestras de los pacientes, ya que un error puede tener grandes repercusiones para ellos. Es necesario saber trabajar en equipo junto con los médicos, enfermeros y técnicos de laboratorio para proporcionar un servicio integral y de calidad al paciente.

Estudios profesionales necesarios

Es necesario haber estudiado Biología o Bioquímica. Existen másteres y cursos específicos sobre reproducción asistida que proporcionan una especialización sobre el tema y prácticas en clínicas de reproducción. También se podría acceder, aunque menos frecuentemente, con otras carreras de la rama científica, pero sería necesario hacer los cursos de especialización para poder contar con los conocimientos necesarios para desarrollar la profesión.

A día de hoy no existen plazas públicas específicas para biólogos de reproducción en los hospitales públicos, los que trabajan en ellos están contratados por la fundación privada del hospital. En alguno de ellos son los médicos los que están realizando estas tareas.

55. Óptico/Optometrista – *Optometrist*

#visión #gafas #lentillas #graduación #testdeSnellen

Trabajo que desempeña

Los optometristas realizan un examen de la visión para el diagnóstico de un problema ocular, para que las personas puedan utilizar gafas, lentillas graduadas o someterse a una operación para corregirlo. Dan consejo sobre higiene ocular y educación para el mantenimiento de una buena visión y, en ocasiones, contribuyen en el diagnóstico de algunas enfermedades oculares graves. Se encargan del mantenimiento de las diferentes máquinas ópticas (queratómetro, foróptero, retinoscopio, oftalmoscopio) y de contactar con los diferentes servicios técnicos en caso de que necesiten ser reparadas o reemplazadas.

Los optometristas trabajan principalmente en ópticas a pie de calle y también los hay que trabajan en clínicas privadas, normalmente en las que se dedican exclusivamente al ojo. Existen plazas para ópticos-optometristas en centros de atención primaria y hospitales públicos de España, aunque hay comunidades que no las ofertan o lo hacen en número muy reducido.

Los ópticos que trabajan en una óptica a pie de calle, además se encargan de hacer los pedidos para la fabricación de las lentes de contacto duras y de los cristales graduados y que estos últimos estén puestos en la montura elegida por el cliente (gafas normales, de sol, de buceo, de protección, de deporte). También hacen el mantenimiento y los pedidos del resto de las existencias de la tienda. Muchas ópticas ofrecen un servicio de audiología, en donde miden la pérdida auditiva a personas para poder ofrecerles audífonos que puedan resolver su problema. Disponen de consumibles y recambios necesarios para el mantenimiento de las prótesis auditivas y de los protectores auditivos para el baño o el ruido.

Los ópticos que trabajan en clínicas privadas lo hacen conjuntamente con un oftalmólogo para el diagnóstico de enfermedades oculares, así como para la valoración de posibles operaciones que puedan corregir el problema del paciente. En el caso de que se vaya a realizar una intervención quirúrgica, los ópticos realizan todas las pruebas previas y los controles posteriores. En estos últimos años ha aumentado considerablemente las intervenciones con láser o lente intraocular para la corrección de defectos visuales como la miopía y el astigmatismo.

Algunos dan clase en la universidad o en grados de formación profesional y, a veces, participan en ensayos clínicos (especialmente los que trabajan en clínicas oftalmológicas). Acuden a congresos y cursos como ponentes o asistentes y son muy activos a la hora de informarse sobre nuevos productos que salen al mercado o nuevas máquinas de diagnóstico.

Cualidades

Los optometristas tienen una gran dedicación hacia los pacientes para ayudarles en todo lo posible en el diagnóstico ocular y ofrecerles las mejores soluciones para su problema de visión. Tienen unas grandes dotes de escucha, comprensión y comunicación y una visión estética, para ayudar a elegir monturas que se adapten a sus gustos y a la forma de la cara. También son buenos asesores para recomendar el mejor producto de la tienda y el cuidado del ojo.

Estudios profesionales necesarios

Para ser óptico hay que estudiar la carrera de Óptica y Optometría. Para trabajar en el sistema sanitario hay que hacer
oposiciones.

56. Dentista/Odontólogo – Dentist/Odontologist

#dientes #encías #ortodoncia #cepillodedientes #blanqueamiento

Trabajo que desempeña

Los dentistas se encargan de la prevención, diagnóstico y tratamiento de enfermedades dentales y bucales. Para ello, realizan procedimientos médicos como la eliminación de las caries, limpieza bucal, extracción de muelas, corrección de la dentadura con una ortodoncia o realizar implantes, entre otras muchas cosas. Cada vez más se dedican a tratamientos de estética, como blanqueamientos dentales, gingivectomía o poner carillas. Otra de sus labores principales es dar educación a los pacientes para la higiene bucal (especialmente a los más pequeños) y para la prevención del cáncer oral. Pueden recetar fármacos para la prevención y el tratamiento de enfermedades de la boca. Trabajan principalmente en clínicas privadas y consultas propias y solo algunos de ellos lo hacen en centros de atención primaria.

Los dentistas se pueden especializar en ser implantólogos (implantes dentales), protesistas dentales (diseño, elaboración y adaptación de prótesis dentales, aparatos de dientes, etc.), ortodoncistas (aplicación y seguimiento de las ortodoncias), endodoncistas (tratamiento para el tejido blando del interior del diente), periodoncistas (tratamiento de las enfermedades en las encías) y odontopediatras (dentista infantil). Muchas veces, los dentistas «generalistas» abren una consulta privada conjuntamente con otros dentistas que tienen alguna de estas especialidades o con cirujanos maxilofaciales, para las cirugías bucales y de la mandíbula.

Todos los dentistas generales y especialistas conocen muy bien todos los equipos que manejan, cómo realizar su mantenimiento, su limpieza y esterilización para que estén listos para el siguiente paciente. Suelen contar con la ayuda de técnicos o auxiliares de dentista para la preparación del equipo, de los instrumentos y del paciente según la intervención a realizar, así como darles asistencia en todo el tiempo que dure.

Asisten a congresos, realizan presentaciones dentro de charlas y simposios y son muy activos informándose sobre nuevas técnicas, máquinas y productos que salen al mercado. Algunos de ellos colaboran en la investigación sobre su campo con ensayos clínicos sobre nuevos tratamientos, técnicas o prótesis dentales.

Cualidades

Los dentistas son muy minuciosos a la hora de realizar un diagnóstico e intentan ofrecer al paciente un gran abanico de soluciones. Son personas muy meticulosas y muy higiénicas que mantienen una gran rigurosidad en la limpieza de todo su equipo médico y durante las intervenciones que realicen al paciente. Tienen buenas dotes de comunicación para explicar y convencer sobre la importancia de mantener una buena higiene bucal para la prevención de enfermedades y la pérdida de piezas dentales.

Estudios profesionales necesarios

Para ser dentista hay que estudiar la carrera de Odontología y, si se quiere especializarse, hay que realizar un curso o máster sobre ello. Para trabajar en hospitales públicos se accede mediante oposición. Los cirujanos maxilofaciales son médicos que han realizado esa especialización dentro de la carrera; en algunos casos realizan actividades similares a los dentistas, como es la extracción de muelas complejas o realización de injertos óseos.

57. Podólogo/Podiatra – Podiatrist/Chiropodist

#pies #uñas #durezas #pisada #caminar

Trabajo que desempeña

Los podólogos se dedican al diagnóstico y tratamiento de las enfermedades del pie. Tratan infinidad de patologías: hongos en las uñas (onicomitosis), uña encarnada (onicocriptosis), mal olor (bromhidrosis), callosidades, juanetes, pies planos, pie de atleta, pie diabético, verrugas plantares, etc. Pueden prescribir fármacos sobre las enfermedades del pie que tratan, así como productos médicos y ortopédicos para el pie.

En España, los podólogos pueden operar, pero dependiendo de la complejidad de la intervención la derivan a un traumatólogo. También pueden proporcionar tratamiento ortopodológico o quiropodológico. Es por esto por lo que hay algunos podólogos que trabajan en clínicas especializadas (clínicas del pie), donde también hay traumatólogos y disponen de quirófanos para hacer este tipo de operaciones. Otros trabajan en hospitales privados, donde hay profesionales de todas las especialidades, pero la gran mayoría de ellos montan su consulta privada en solitario.

En España no hay podólogos trabajando en los ambulatorios, pero para aquellos que sufren de diabetes, los podólogos privados hacen el seguimiento del pie diabético a cargo del sistema sanitario. La regulación de otros países es diferente, y también sus funciones, ya que los hay donde no pueden ni operar, ni prescribir fármacos ni realizar tratamientos ortopodológicos.

Los podólogos también participan en ensayos clínicos, aunque no son tan comunes como en otras profesiones. Acuden a congresos, charlas y simposios y leen muchos artículos y noticias para mantenerse al día de los nuevos productos y aparatos que salen para su profesión. Algunos de ellos dan clases en la universidad, másteres y cursos de especialización.

Cualidades

Los podólogos tienen una alta dedicación al bienestar de los pacientes para que las afecciones del pie no les afecten en su día a día. Son muy higiénicos, manteniendo siempre la consulta, las herramientas y los aparatos desinfectados. Tienen buenas dotes de comunicación para dar indicaciones a los pacientes de cómo evitar ciertas enfermedades o cómo corregir problemas del pie.

Estudios profesionales necesarios

Para ser podólogo hay que estudiar la carrera de Podología. Los traumatólogos (médicos) que se dedican a las cirugías complejas del pie no suelen hacer las labores de los podólogos, pero trabajan muy de cerca con ellos.

58. Psicólogo – *Psychologist*

#mente #calma #felicidad #saludmental #estabilidademocional

Trabajo que desempeña

Los psicólogos ayudan a las personas a mejorar y promover su salud mental a través de la gestión de las emociones, estrés o ansiedad, mejora en la toma de decisiones, tratamiento de desórdenes alimentarios, resolución de traumas, de problemas o de miedos, entre otras cosas. Idealmente el paciente estará en terapia con el psicólogo durante un tiempo más o menos largo dependiendo del problema y, a lo largo de las sesiones, aprenderá herramientas que le permitirán saber enfrentarse a sus miedos, traumas, adicciones, etc., por sí mismo. Para ello, utilizan diferentes terapias como la humanística, la psicodinamia, la cognitiva, la conductual, la cognitivo-conductual, la interpersonal o una mezcla de varias. Algunos se han formado para poder impartir otras terapias como la musicoterapia, la arteterapia o incluso hipnosis. La mayoría tratan individualmente a personas, pero también hacen terapia de pareja, de familia o en grupo de varias personas con problemas semejantes (por ejemplo, alcoholismo).

Los psicólogos pueden trabajar en una gran diversidad de sitios: hospitales públicos y privados, ambulatorios, consultas privadas, colegios, institutos, universidades, cárceles, empresas, centros de deporte de élite, centros de discapacitados y asilos de ancianos. En hospitales grandes colaboran muy estrechamente con médicos, enfermeros, técnicos/auxiliares, trabajadores sociales y nutricionistas para el tratamiento y seguimiento integral de los pacientes. En las cárceles trabajan con trabajadores sociales, psiquiatras y otros terapeutas para el seguimiento psicológico de los reclusos, especialmente de cara a hacer informes al juzgado para un posible cambio de condena. En colegios e institutos hacen el seguimiento de los alumnos junto con profesores y psicopedagogos, para ayudar a aquellos niños y jóvenes con dificultades de integración o que estén sufriendo *bullying*, entre otros problemas que surgen en los colegios. En los centros deportivos de élite trabajan en equipo con médicos, nutricionistas y fisioterapeutas para que el deportista pueda gestionar el estrés físico y mental de los entrenamientos y competiciones deportivas.

En estos últimos años ha aparecido la figura del psicooncólogo, que es un profesional que trabaja normalmente en los hospitales públicos y que se dedica exclusivamente a la salud mental de pacientes oncológicos, debido a la gravedad de las secuelas de la enfermedad, efectos secundarios de los tratamientos y su pronóstico. Algunas asociaciones de pacientes también cuentan con estos profesionales.

Hay psicólogos que realizan proyectos de investigación para la realización del doctorado o como investigadores séniores, normalmente asociados a la universidad. Están muy al día de los avances en su campo a través de asistencia y ponencias en congresos y simposios o la lectura activa de artículos. Algunos dan clase en la universidad, másteres y cursos de especialización o escriben libros sobre psicología.

Cualidades

La cualidad más importante de los psicólogos es saber escuchar y comprender a la otra persona para poder ofrecerle la mejor terapia o combinación de terapias posible. Nunca debería juzgar los actos o pensamientos de su paciente ni ponerse de parte de nadie en terapias con más de una persona. En la primera visita, tiene que ser capaz de valorar si puede o no ayudar al paciente, ya que normalmente estarán especializados en ciertas terapias, técnicas o problemas. Por profesionalidad, es mejor derivarlo a otro especialista cuando lo crea conveniente.

Un buen psicólogo tiene que tener autocontrol emocional (ser asertivo, controlar sus sentimientos), tolerancia (tener apertura mental, no juzgar), empatía (ponerse en su lugar), ser íntegro (inspirar confianza) y buen comunicador (usar las palabras adecuadas). Además, es importante que de tanto en cuanto haga labores de meditación e introspección para regularse emocionalmente, observarse a sí mismo (impulsos, sentimientos, emociones) y aprender cómo funciona la mente. Muchas veces escuchan experiencias o pensamientos de los pacientes que son muy traumáticos y por eso necesitan autorregularse. De esta manera seguirá progresando como profesional, aprendiendo tanto de experiencias externas como internas.

Estudios profesionales necesarios

Para ser psicólogo hay que estudiar la carrera de Psicología. Aquellos que deseen trabajar en un hospital o centro público tienen que hacer el examen del PIR para poder hacer la residencia de psicología clínica. También existe el máster de Psicología General Sanitaria, que te permite desarrollar la actividad profesional en el ámbito sanitario por cuenta ajena, pero solo los especialistas en psicología clínica pueden trabajar en el Sistema Nacional de Salud Español.

Hay psicólogos que realizan formaciones extras para poder impartir terapias como musicoterapia o arteterapia, solos o junto con otros profesionales. Recientemente, muchos de ellos están haciendo formaciones de *coaching* y PNL, para saber mejor cómo guiar a personas que están pasando una crisis existencial (no saber qué hacer en la vida), están bloqueados o no saben cómo gestionar ciertas emociones.

59. Ortopedista – *Orthopedist*

#muletas #plantillas #prótesis #accidente #silladeruedas

Trabajo que desempeña

Los ortopedistas ayudan a las personas a corregir o mejorar un problema físico motor. Muchos ortopedistas trabajan en establecimientos a pie de calle para asesorar y dispensar productos ortopédicos (prótesis y órtesis) y aparatos que ayuden a la mejora de la funcionalidad debido a una discapacidad temporal o permanente (muletas, silla de ruedas, plantillas, férulas, etc.). Deben conocer bien todos los productos disponibles para cada discapacidad para así poder dar un asesoramiento sobre la mejor solución para cada caso concreto.

Algunos ortopedistas que están en una tienda fabrican a medida productos sanitarios de ortopedia, si su establecimiento tiene la licencia para ello. Sin embargo, la mayoría de ellos se dedica a tomar medidas para que las fabrique un tercero. Esto implica hacer moldes, pruebas de marcha, etc., solicitar su fabricación y después colocar las prótesis, ajustarlas o repararlas en caso de rotura. Otros ortopedistas trabajan precisamente en las empresas donde fabrican las prótesis, órtesis y aparatos de apoyo personalizados que hacen según las medidas y moldes tomados por los ortopedistas que trabajan a pie de calle.

Existen tiendas de ortopedia para animales; no son muy comunes, suelen ofrecer productos de ortopedia principalmente para perros (sillas de ruedas, férulas) e incluso terapias para la mejora de la movilidad, como la hidroterapia. Muchas veces están integradas en tiendas que venden otros artículos para los animales.

También participan en proyectos de investigación sobre nuevos productos sanitarios o para poner a punto nuevas técnicas. Los que trabajan de cara al público son muy activos para estar al tanto de los nuevos productos que salen al mercado y asisten a formaciones para saber cómo utilizarlos cuando fuera necesario.

Cualidades

El ortopedista tiene una alta dedicación al bienestar del paciente para mejorar su calidad de vida y, en consecuencia, la de sus familiares y amigos. Tienen gran atención al detalle, ya que es muy importante a la hora de tomar medidas y hacer los moldes para que las prótesis y órtesis se adapten perfectamente al paciente. Tiene que ser empático, ya que muchos de los pacientes que acuden a él han sufrido un accidente y tienen muchos dolores.

Estudios profesionales necesarios

Para ser ortopedista hay que estudiar la formación de técnico superior de Ortoprótesis y Productos de Apoyo. En una tienda de a pie de calle también trabajan auxiliares de ortopedista que tienen funciones más limitadas y no pueden obtener una licencia para abrir la tienda.

60. Fisioterapeuta –
Physiotherapist/Physical Therapist

#rehabilitación #dolor #distensión #calidaddevida #enfoqueholístico

Trabajo que desempeña

Los fisioterapeutas diagnostican y tratan dolencias del sistema musculoesquelético, neuromuscular y cardiovascular. En vez de utilizar fármacos, tratan las dolencias de manera holística mediante técnicas terapéuticas como el masaje, la presión, calor y frío, campo magnético, el ejercicio físico, la electricidad, el agua, etc.

Trabajan en hospitales públicos, clínicas privadas, consultas privadas, geriátricos, centros y clubes deportivos. Algunos se desplazan también a domicilios privados cuando el paciente no puede moverse o porque es su manera de trabajar. En hospitales y en clínicas privadas, se dedican principalmente a la rehabilitación de personas que han tenido un accidente de tráfico, que tienen problemas respiratorios, dolor crónico, linfedema y otros problemas derivados del cáncer, sufren de patologías muy graves como la esclerosis múltiple o parálisis cerebral, tienen problemas de aprendizaje de nacimiento, derivados de un ictus o han sufrido quemaduras serias, entre otras enfermedades. En las consultas privadas, también atienden a pacientes con alguna de estas enfermedades, pero además tienen pacientes con problemas menos severos como dolencias musculares derivadas del ejercicio físico o mala postura. Los que trabajan en los geriátricos se encargan sobre todo de que los ancianos no pierdan la movilidad y los que trabajan en centros y clubes deportivos atienden principalmente daños musculares.

También se dedican a enseñar medidas preventivas para prevenir lesiones y otros problemas de salud y a dar formaciones de medicina preventiva en empresas, colegios y otros centros de trabajo para la educación postural y para prevenir posibles accidentes.

Algunos dan clases en la universidad, en másteres o cursos organizados por diferentes entidades o asociaciones. Asisten a congresos y simposios para estar al tanto de las nuevas técnicas que aparecen y a cursos para especializarse en un área concreta. También participan en ensayos clínicos para valorar una intervención terapéutica diferente a la habitual, aunque estos ensayos son mucho menos comunes que los ensayos con fármacos.

Cualidades

Los fisioterapeutas trabajan de manera muy cercana y continuada con los pacientes, por lo que es importante que tengan gran empatía, paciencia y comprensión para ayudarles a mejorar su calidad de vida. Tienen que tener gran capacidad de escucha y ser capaces de comunicar los ejercicios o tareas que deben realizar de manera clara, para que el paciente pueda hacerlos como es debido y repetirlos en casa correctamente.

Especialmente en hospitales y clínicas privadas, tienen que saber trabajar en equipo, ya que la atención a pacientes graves es multidisciplinar. Es importante que se sientan cómodos trabajando con un solo paciente o con varios haciendo terapia de grupo.

Estudios profesionales necesarios

Para ser fisioterapeuta hay que estudiar la carrera de Fisioterapia. Algunos complementan su formación con cursos o másteres de acupuntura, quiropráctica y otras terapias para ofrecer más opciones a sus pacientes para el tratamiento del dolor, problemas de aprendizaje motor, etc.

No hay una residencia específica de fisioterapia como el MIR para los médicos o el PIR para los psicólogos, entran a trabajar en un hospital público por oposiciones.

61. Terapeuta, Terapeuta ocupacional – *Therapist, Occupational therapist*

#curación #enfoqueholístico #relajación #bienestar #saludmental

Trabajo que desempeña

El terapeuta aplica terapias a pacientes para mejorar su movilidad, aliviar el dolor físico, estrés, ansiedad y otros malestares físicos y psicológicos a través de procedimientos diferentes a la administración de fármacos. Trabajan sobre todo en clínicas privadas, consultas propias o gimnasios. También existen terapeutas que trabajan para la administración pública en cárceles, centros de reinserción y psiquiátricos.

A veces se las denomina terapias alternativas, aunque en algunas de ellas se han hecho y se están haciendo estudios científicos que han demostrado su eficacia o llevan siglos administrándose con excelentes resultados. Este es un listado de algunas de ellas con mayor solidez científica o con mayores beneficios reportados: acupuntura, quiropráctica, musicoterapia, arteterapia, aromaterapia, hidroterapia, electroterapia, terapias con animales, horticultura terapéutica, meditación y yoga.

En los hospitales existe el puesto de terapeuta ocupacional, que ayuda a mejorar la movilidad de pacientes con patologías neurodegenerativas (párkinson, esclerosis múltiple, ictus), lesiones traumatológicas (amputaciones), reumáticas (artritis, artrosis) o discapacidades congénitas (parálisis cerebral). También trabaja en patologías psiquiátricas para la mejoría emocional y psicológica de los pacientes. Los terapeutas ocupacionales intentan que el paciente pueda desarrollar las actividades cotidianas (alimentarse, asearse, desplazarse a algún lugar, etc.) de la manera más independiente y autónoma posible.

Han surgido iniciativas en España donde se ha contratado a músicos profesionales para hacer proyectos de investigación junto al personal sanitario, como la realizada por la asociación "Música en Vena" en nuestro país. Históricamente, y de manera esporádica, han sido los profesionales sanitarios los que han administrado musicoterapia a sus pacientes si sabían tocar un instrumento o porque les ponían música clásica, ópera o *jazz* en diferentes salas del hospital. También es muy común la arteterapia para la mejora cognitiva de niños discapacitados o ancianos, o las terapias con animales, como sería la canoterapia (perros), delfinoterapia (delfines) o equinoterapia (caballos) a pacientes hospitalizados o a niños con problemas cognitivos. En otros centros públicos, como las cárceles o centros geriátricos, existen proyectos de horticultura, jardinería y floristería para drogadictos y para sanar a personas con discapacidades, delincuentes, toxicómanos, ancianos, etc. En clínicas privadas se ofrece acupuntura para mitigar el dolor de espalda o los sofocos de la menopausia y el yoga, la meditación y el pilates para la mejora del estrés, ansiedad, etc.

En estos últimos años ha surgido una manera de terapia diferente a lo habitual, que consiste en crear espacios de bienestar, es decir, humanizar los espacios para mejorar la salud y el bienestar de las personas. Estos espacios suelen ser, principalmente, hospitales (sala de espera, sala de tratamientos, etc.) y residencias de ancianos, donde se aplica un diseño con plantas, gestión del espacio, de la luz, elección del mobiliario, etc. En algunos casos también implementan tecnologías, actividades complementarias o cambios en la manera de trabajar del personal para mejorar la experiencia del paciente. Un ejemplo de esta empresa en nuestro país es Simbiotia.

También existen los bosques terapéuticos, que es una idea originaria de Japón y donde varias comunidades autónomas están designando programas de diferentes rutas por estos bosques, que en algunos casos incluyen un guía para tener una experiencia global de naturaleza, ejercicio, cultura, historia y salud.

Cualidades

Los terapeutas son muy empáticos, saben escuchar y buscan la mejor manera de administrar el tratamiento según las necesidades, gustos y carácter del paciente. Suelen ser personas muy emprendedoras que montan sus propias consultas o se asocian con otros terapeutas para abrir un centro privado. Están en continua formación para aprender nuevas terapias, ya sea asistiendo a cursos o leyendo artículos y libros.

Estudios profesionales necesarios

A diferencia del fisioterapeuta, en España no existe una carrera universitaria como tal para las diferentes terapias impartidas por los terapeutas. En otros países sí que están mucho más reconocidas, como es la acupuntura en China o la quiropráctica en Francia. Muchos terapeutas han estudiado Fisioterapia, Enfermería, Medicina, Psicología, Biología o Veterinaria y después han hecho un curso de especialización de una terapia en concreto. Otros simplemente tienen una formación profesional previa y después han hecho solo el curso o máster de especialización de la terapia.

En el caso de musicoterapia, si es con música en vivo creada por el terapeuta, suelen ser músicos profesionales que han realizado el máster o simplemente les interesa el tema y participan con el personal sanitario de los hospitales. Con los arteterapeutas pasa algo parecido, muchos han estudiado Bellas Artes o Historia del Arte.

Los terapeutas ocupacionales han estudiado la carrera de Terapia Ocupacional, donde después algunos de ellos han hecho algún máster o algún curso de especialización. Para trabajar en hospitales públicos es necesario hacer oposiciones.

62. Técnico de salud/Auxiliar de salud – *Healthcare Technician/ Healthcare Assistant*

#ayudante #atención #gestión #preparación #existencias

Trabajo que desempeña

Los técnicos y auxiliares se dedican a la atención del paciente asistiendo a diferentes profesionales en su trabajo: farmacéuticos, ópticos, odontólogos, podólogos, veterinarios, ortopedistas, etc. De manera general, se dedican a controlar las existencias (cantidad, fecha de caducidad, etc.), al mantenimiento técnico de las máquinas, hacer pedidos, ayudar en la atención al paciente/ cliente, realizar pruebas, tomar medidas para hacer un pedido personalizado, etc.

Los técnicos de farmacia y parafarmacia pueden abrir una parafarmacia por sí solos, pero no pueden abrir una farmacia, ya que para ello se necesita a un farmacéutico. También pueden trabajar en hospitales públicos preparando la medicación dentro de la farmacia. Los técnicos y auxiliares de veterinaria pueden montar por cuenta propia peluquerías caninas, tiendas de animales o centros de adiestramiento, pero no una clínica veterinaria. El resto de los técnicos o auxiliares tienen que trabajar en centros abiertos por profesionales: dentistas, odontólogos, podólogos, ópticos, ortopedistas, etc.

Los auxiliares de enfermería trabajan tanto en hospitales públicos como privados, residencias de ancianos, centros psiquiátricos, cárceles, etc. Su trabajo principal es ayudar a médicos y enfermeros en la preparación de la medicación o del material sanitario para una intervención. También realizan algunas pruebas médicas (por ejemplo, sacar sangre o hacer un electrocardiograma), aseo de pacientes, preparar al paciente para una prueba de imagen, etc.

También existen los asistentes de atención médica a domicilio, que van a visitar a pacientes con enfermedades crónicas a sus casas porque no pueden desplazarse al ambulatorio o porque están en el final de su vida (cuidados paliativos). En Cataluña existe el sistema PADES (Programa de Atención Domiciliaria y Equipos de Apoyo) que incluye a otros profesionales como enfermeros, médicos, psicólogos y trabajadores sociales para una valoración conjunta de las necesidades de los pacientes durante el periodo de atención médica.

Cualidades

Los técnicos y auxiliares son atentos y diligentes hacia los pacientes y/o clientes y hacia el profesional al que brindan su apoyo, lo cual es especialmente importante cuando están realizando una intervención, ya que tienen que saber lo que va a necesitar en cada momento. Tienen grandes conocimientos sobre las diferentes técnicas e intervenciones médicas que se van a realizar en su centro. Son muy ordenados, llevan el control de las existencias, de los pedidos y reparaciones y son muy resolutivos, para buscar soluciones a los problemas que surjan en el día a día.

Estudios profesionales necesarios

Para ser técnico o auxiliar hay que estudiar un grado profesional medio o superior de la materia que interese. Para trabajar en un hospital público, los auxiliares de enfermería y técnicos de farmacia tienen que prepararse oposiciones.

63. Embalsamador/Tanatopractor –
Embalmer/Thanatopractor

#defunción #funeral #cadáver #tanatopraxia #tanatoestética

Trabajo que desempeña

El trabajo de embalsamador posiblemente no sea de los más populares en la sociedad, pero cabe destacar que la labor que realizan es de suma importancia para cualquier familia en duelo. Gracias a ellos, las familias pueden dar un último adiós a su ser querido de una manera digna. Su tarea principal consiste en realizar una serie de tratamientos al cadáver de una persona fallecida para ralentizar su descomposición y mejorar su apariencia cosmética, siendo esto especialmente necesario si se va a exponer el cuerpo durante el funeral.

Para ello, el primer paso del embalsamador es sacar todos los fluidos corporales del fallecido y sustituirlos por una mezcla de formaldehído, etanol, metanol y agua, entre otros. Muchas veces se añade tinta para que el tono se parezca más al de una persona viva. Después hace un trabajo cosmético: se peina el cabello, se maquilla, se tapan con cera signos de enfermedad o de accidente, se cierran los ojos (muchas veces se utiliza pegamento) y la boca, se les quita el *rigor mortis* y se les coloca en la posición que solicite la familia.

Los embalsamadores trabajan sobre todo en funerarias y algunos en aseguradoras y hospitales. Siguen estrictas normas de seguridad e higiene, pues en ocasiones no pueden conocer el historial médico del fallecido. También se adhieren a normas religiosas cuando la familia del fallecido lo pide.

Cualidades

Los embalsamadores son muy pragmáticos, entienden la necesidad que hay en la sociedad de preparar a una persona fallecida para que esta pueda recibir su último adiós. Puede parecer una profesión no muy atrayente y glamurosa al principio, pero a largo plazo es muy gratificante el servicio que hacen a los demás. Son muy empáticos con la situación de sufrimiento que está pasando la familia y los allegados, por lo que preparan con esmero el cadáver para su exposición en la ceremonia funeraria. Tienen altos conocimientos sobre la anatomía humana y sobre los productos químicos usados en el proceso de embalsamar y sus peligros.

Muchos de ellos dirigen también la funeraria, por lo que deben saber sobre temas de gestión económica, de personal y de materiales. En algunos casos también se encargan de elegir la contratación de los servicios con los familiares y de la decoración de la sala.

Estudios profesionales necesarios

A día de hoy no hay una carrera universitaria para ser embalsamador. Normalmente se llega a través de ciclos formativos de grado medio y superior sobre tanatopraxia y tanatoestética, pero esto no quita que cualquier persona que haya estudiado una carrera pueda dedicarse a ello si hace los cursos de formación necesarios. La dificultad principal de esta profesión radica en romper la barrera de trabajar con un cadáver; una vez superada, nunca te faltará trabajo.

64. Paleontólogo – *Paleontologist*

#fósil #excavaciones #filogenia #especies #evolución

Trabajo que desempeña

El paleontólogo es principalmente un investigador, pero se ha preferido ponerlo aparte en este libro para dar una visión más extensa sobre esta profesión. Trabajan sobre todo en las universidades y centros de investigación del Gobierno y en museos de historia natural, geología y paleontología. Principalmente se dedican a investigar, dar clase y a escribir artículos y libros. Algunos trabajan para las agencias espaciales o realizan consultorías cuando ha habido algún descubrimiento. Su principal función es estudiar los fósiles para establecer relaciones filiales entre organismos extintos y los organismos vivos actuales. Con esto se consigue entender el origen común de las especies, su evolución y cuáles son las diferencias y similitudes entre diferentes grupos de seres vivos.

Suelen trabajar en yacimientos arqueológicos donde se han descubierto fósiles: impresiones en piedra, huesos, esqueletos casi completos, dientes, colmillos, etc. Aunque menos común, también existen bacterias fósiles (por ejemplo, los estromatolitos). Suelen hacer un estudio *in situ* para registrar dónde y cómo se ha encontrado, tomar medidas y realizar fotos, pero después se lleva al centro de investigación o al museo para realizar un estudio más extenso, especialmente si hay que hacer pruebas genéticas.

Trabajan muy de cerca con los geólogos, ya que se suelen encontrar este tipo de fósiles en cuevas y zonas volcánicas, y con genetistas, para buscar la filogenia del fósil encontrado. También colaboran muy estrechamente con ilustradores científicos, ya que a partir de las diferentes partes que se encuentran se intenta deducir la estructura completa del organismo extinto para poder visualizarlo en su totalidad.

Muy relacionado con esta profesión estarían los antropólogos (estudio de las sociedades, culturas, lenguas y estilos de vida) y los arqueólogos (estudio de los artefactos fabricados por el hombre). Gracias a la integración de los conocimientos de estos tres profesionales en diferentes partes del mundo se ha podido establecer la evolución del ser humano (*Ardipithecus, Australopithecus, ..., Neanderthal, Homo Sapiens*) y sus fenómenos migratorios, porque además del estudio genético y de la estructura ósea de los fósiles encontrados se necesita también conocer las costumbres, modo de vida y los objetos que eran capaces de fabricar para poder establecer la evolución del hombre.

Algunos de los descubrimientos de los paleontólogos han tenido y pueden tener un gran impacto en la cultura popular y creencias religiosas de las personas. Ejemplos de esto serían la existencia de dinosaurios y su extinción debido muy probablemente al impacto de un meteorito, el estudio de la posible existencia de vida en otros planetas o la evolución del hombre desde los primates.

Cualidades

Las cualidades principales de un paleontólogo son prácticamente las mismas que las de un investigador: curiosidad, rigurosidad científica, aplicar el método empírico, realizar observaciones para establecer nuevas hipótesis, etc. Tiene que saber integrar diferentes partes de la ciencia (genética, fisionomía, geología, botánica, zoología, etc.) para establecer la estructura de los seres vivos extintos y sus conexiones con los seres vivos actuales, teniendo en cuenta el lugar donde se han encontrado y los fenómenos migratorios de la especie si los hubiera habido.

Parte de su trabajo se realiza al aire libre, por lo que deben ser personas resilientes que aguanten bien trabajar en condiciones meteorológicas, lumínicas o físicas desfavorables. Tienen que estar en buena forma física para desarrollar la actividad al aire libre y porque en ocasiones tendrán que mover piezas de gran tamaño, como colmillos o huesos de dinosaurio. Deben ser muy cuidadosas en la obtención de los fósiles desde el terreno donde se encuentren y en su manipulación, para evitar que se rompan.

Estudios profesionales necesarios

Para ser paleontólogo hay que estudiar Geología y luego especializarse en paleontología.

65. Geólogo – *Geologist*

#roca #gema #terremoto #volcán #minería

Trabajo que desempeña

Los geólogos estudian el origen, evolución y la estructura de la Tierra y los fenómenos naturales que acontecen sobre ella. Entre otras cosas, estudian las glaciaciones, las formaciones de ríos, cascadas, géiseres, montañas, islas, erupciones volcánicas, cómo se han formado y qué estructura química tienen las diferentes rocas, minerales y sedimentos que hay en la tierra. Estudian también el clima y los fenómenos atmosféricos como terremotos, huracanes, tsunamis, calimas, etc. Buscan una secuencia lógica de eventos geológicos que expliquen la formación de los continentes y la actual orografía que hay en la Tierra. A veces se les dan nombres a los especialistas en un tema: vulcanólogos, sismólogos, geofísicos, hidrogeólogos, etc.

La principal función de los geólogos es la investigación y la docencia, por lo que normalmente trabajan en las universidades, centros de investigación, museos, parques naturales y centros de interpretación de la naturaleza. Existen geólogos en empresas (mineras, petroleras, etc.) o colaboran con ellas para aplicar sus conocimientos a la exploración de petróleo, gas, minas y canteras. También trabajan en el gobierno o como consultores para obras de ingeniería de caminos (construcción de carreteras, puentes), ingeniería civil (metro, edificaciones) e hidrogeología (estudio del agua subterránea, creación y gestión de embalses). Su conocimiento no solo es importante para el estudio del terreno en sí, sino también para el asesoramiento de los materiales de construcción según las condiciones atmosféricas habituales del lugar. Otra de sus funciones importantes es la detección de contaminantes en el agua y en la tierra y colaborar con las agencias espaciales para el análisis de meteoritos y materiales traídos de las expediciones para descubrir su estructura química y propiedades.

Los geólogos en empresas y en el Gobierno trabajan muy de cerca con expertos en sostenibilidad, ya que es necesario valorar el impacto que va a tener realizar cualquier tipo de explotación de recursos naturales. También colaboran estrechamente con paleontólogos, antropólogos y arqueólogos para el estudio de fósiles y yacimientos arqueológicos encontrados durante excavaciones.

Tienen muchos conocimientos de cartografía, ayudan a realizar mapas cartográficos junto con los ingenieros civiles, que pueden ser generales, para uso divulgativo a un público general, o temáticos, que pueden tener elementos específicos (económicos, agrícolas, militares, etc.) para una necesidad concreta.

Cualidades

Los geólogos son grandes amantes de la tierra y del medioambiente. Los que realizan su trabajo la mayor parte del tiempo al aire libre necesitan estar en una buena forma física. Como investigadores son personas muy curiosas, metódicas, llevan todos sus descubrimientos (rocas, fósiles, gemas, etc.) bien ordenados, documentados y clasificados desde el origen hasta el laboratorio o sala de trabajo, para que luego puedan hacer los análisis pertinentes. También tienen que tomar medidas y fotos del lugar si tienen que realizar mapas.

Tienen conocimientos físicos y químicos para hacer pruebas sobre los materiales encontrados, como es la prueba del carbono 14, espectrometría de masas o fluorescencia de rayos X. Los que trabajan en empresas de construcción de obras mayores como carreteras y puentes tienen que tener conocimientos sobre ingeniería, matemáticas y las propiedades de diferentes materiales. Por otro lado, también es importante que tengan muy buena visión cromática para distinguir los diferentes colores en las rocas y así identificar de qué minerales podrían estar formados.

Estudios profesionales necesarios

Para ser geólogo hay que estudiar Geología. La carrera de Ambientales te puede dar ciertos conocimientos, pero sería necesario hacer un máster de especialización de Geología Ambiental o Ingeniería Geológica.

66. Meteorólogo – Meteorologist/Weather Forecaster

#predicción #eltiempo #fenómenosatmosféricos
#temperatura #cambioclimático

Trabajo que desempeña

Los meteorólogos son científicos que estudian los fenómenos de la atmósfera para predecir el tiempo y también fenómenos causados por el hombre, como el cambio climático, el efecto invernadero, el agujero de la capa de ozono o la contaminación. Para ello, recopilan datos, los analizan y los interpretan para poder predecir la temperatura, precipitaciones, viento, humedad, granizo, tormentas, huracanes, etc. Los presentadores del tiempo en las televisiones y radio normalmente son periodistas que tienen una formación mínima sobre meteorología y su trabajo es informar de las predicciones de los meteorólogos, aunque estos podrían presentar el tiempo si quisieran.

Los meteorólogos trabajan para el gobierno en la Agencia Estatal de Meteorología (AEMET), reciben imágenes del satélite Meteosat, las interpretan y con ello intentan predecir el tiempo en su país. Colaboran muy de cerca con ambientólogos e investigadores de universidades para las predicciones del cambio climático y los históricos de temperatura, precipitaciones, etc., de diferentes localidades. Interpretan los datos de contaminación en el aire recogidos en las diferentes ciudades para alertar a las autoridades y así poder informar a los políticos para que estos decidan tomar medidas para parar la contaminación. Los informan también de si puede haber riesgo de sequía, por las pocas precipitaciones que ha habido en los últimos meses, que puedan poner en peligro la actividad agrícola y ganadera, así como la disponibilidad de agua potable para los habitantes de una zona. En estos casos, las autoridades suelen establecer medidas para contener el gasto de agua por la población y ayudar a agricultores y ganaderos con el suministro de agua o se deciden construir desaladoras de agua de mar. También asesoran sobre la erosión para que se puedan tomar medidas de reforestación de esas zonas y monitorizan las temperaturas del agua de mares y océanos junto con investigadores de universidades. En estos últimos años las temperaturas han aumentado considerablemente, poniendo en peligro la flora y la fauna marina y, como consecuencia, pueden disminuir la diversidad de especies acuáticas y los recursos alimenticios provenientes del mar.

La función de los meteorólogos es muy importante a la hora de predecir huracanes, tsunamis, tormentas o ciclones, ya que esto permite que las autoridades competentes de las zonas que pudieran ser afectadas puedan alertar a la población y, si fuera necesario, organizar la evacuación de las personas hacia lugares más seguros. También informan a los controladores aéreos y aerolíneas para que gestionen los vuelos que pudieran verse afectados, a las embarcaciones marítimas de pasajeros y mercancías que deriven sus rutas, a pescadores y agricultores. La predicción de bajas temperaturas permite a las empresas eléctricas y de gas anticipar los picos de demanda. Con el estudio de climatología de las zonas, los meteorólogos asesoran a empresas petroleras sobre dónde colocar plataformas petroleras y a empresas de energías renovables (por ejemplo, eólica, hidráulica y solar) a elegir los lugares donde puedan conseguir la máxima energía, teniendo en cuenta las sugerencias de los expertos en sostenibilidad sobre el impacto medioambiental.

Cualidades

Los meteorólogos son muy buenos en matemáticas y física y saben realizar análisis estadísticos para poder predecir el tiempo y la climatología de un lugar. Preparan modelos en el ordenador para establecer las predicciones. Tienen que saber preparar los datos sobre meteorología en informes, imágenes o vídeos para que estos se puedan presentar a un público general o a autoridades del gobierno, militares, servicios de rescate y empresas que lo necesiten.

Estudios profesionales necesarios

Para ser meteorólogo es necesario estudiar la carrera de Ambientales, Geología, Ciencias del Mar, Biología, Matemáticas o Física. Existen másteres especializados en meteorología que pueden complementar los estudios universitarios de otras especialidades.

67. Ambientólogo/Ecólogo, Experto en sostenibilidad – *Environmentalist/Ecologist, Sustainability Expert*

#naturaleza #contaminación #reciclaje #ecosistema #economíacircular

Trabajo que desempeña

El ambientólogo se dedica al estudio y conservación del medioambiente, donde evalúa especialmente el impacto que tienen las actividades humanas sobre la naturaleza y los animales. Uno de sus roles más importantes en la sociedad es en la lucha contra el cambio climático, ya que asesoran a los diferentes gobiernos sobre cómo mitigar el impacto de las emisiones de CO_2 de las industrias y de los transportes elaborando un plan de acciones a corto y largo plazo. También preparan el modelo de gestión de las basuras y del reciclaje municipal, colaboran en las campañas de concienciación del cuidado del medioambiente, elaboran los requisitos para que un producto lleve la etiqueta ecológica y biodegradable, etc.

Otros ambientólogos trabajan en centros de conservación de la flora y fauna silvestre, museos de ciencias naturales y centros de interpretación de la naturaleza. Además, algunos compaginan su trabajo dando clases en la universidad, grados de formación, cursos y másteres como profesores asociados. Tienen una labor muy importante en la identificación de especies invasoras en las diferentes áreas que abarcan para controlar su erradicación y así proteger a las especies autóctonas. También los hay que realizan auditorías e inspecciones a empresas para asegurarse de que se cumple la ley en materias de contaminación y reciclaje. Otros trabajan en empresas de consultoría, dando servicio de asesoramiento a empresas que normalmente no tienen un experto en sostenibilidad en plantilla. Y, por último, también existen ambientólogos en organismos no gubernamentales como GreenPeace, para luchar contra la contaminación y el cambio climático, o el Banco Mundial, para realizar proyectos internacionales.

Los expertos de sostenibilidad trabajan en empresas donde identifican riesgos, evalúan el daño que puede causar la empresa al medioambiente y aconsejan a los gestores para que la actividad de la empresa sea menos dañina para el medioambiente. Por un lado, buscan que se puedan aprovechar los residuos que salen de la fabricación del producto (por ejemplo, realizar compost de los restos de la producción de azúcar), que el agua que se vierta a los mares y ríos no esté contaminada, que se genere lo mínimo posible de gases nocivos al medioambiente o que se invierta en energías más sostenibles en la fábrica (por ejemplo, poner paneles solares). Por otro lado, buscan que la empresa fabrique productos sostenibles y biodegradables, para que cuando estos se usen o desechen por los usuarios apenas generen contaminación (por ejemplo, ropa o productos de limpieza).

Cualidades

Los ambientólogos y expertos en sostenibilidad son amantes de la naturaleza, por lo que su objetivo principal es que esté bien cuidada, intentando evitar lo máximo posible el daño que hacen las actividades humanas. Suelen ser buenos comunicadores y negociadores, con capacidad de influenciar y de convencer a los demás para que su empresa tenga un desarrollo sostenible. Saben mucho de gestión de proyectos, ya que idean un proyecto, lo planifican y lo ejecutan. Conocen bien los indicadores sobre la contaminación de empresas, industrias y transportes en general, dependiendo de dónde trabajen y las normas nacionales e internacionales que les aplican. También tienen que ser muy diplomáticos para saberse mover bien en entornos políticos.

Estudios profesionales necesarios

Para ser ambientólogo hay que estudiar la carrera de Ambientales, Biología, Ingeniería Forestal, Geología o Química. También hay grados medios y superiores sobre el aprovechamiento y conservación del medioambiente. Muchos han hecho cursos para profundizar más sobre sostenibilidad, economía circular, uso de productos biodegradables, reciclaje o gestión de basuras. Los que quieran trabajar para en el ayuntamiento, gobierno regional o central tienen que preparar oposiciones.

68. Ingeniero forestal/ Ingeniero de montes – *Forest Engineer/Forester*

#árboles #repoblación #recursosnaturales #reservas #silvicultura

Trabajo que desempeña

Los ingenieros forestales y de montes se encargan de la gestión de las repoblaciones forestales en tierras para restablecer bosques que fueron quemados o para aumentar las hectáreas de bosque en una zona. Normalmente trabajan en empresas de reforestación y son contratados por los gobiernos locales y provinciales, pero también pueden ser contratados por empresas o propietarios privados que poseen fincas extensas. Tienen que conocer bien las leyes, qué árboles son autóctonos del lugar, qué especies se pueden y no se pueden plantar, qué tipo de suelo hay, etc. También los hay que trabajan en empresas madereras (denominados silvicultores) para la gestión de la tala de árboles y todo el proceso del tratamiento de la madera obtenida y la producción de corcho o resina.

Otros trabajan para los ayuntamientos y gobiernos decidiendo qué suelos son urbanos y cuáles no, evalúan suelos para saber qué industrias pueden establecerse en una zona o realizan inspecciones para asegurarse de que las empresas no están explotando recursos fuera de la ley. Se encargan también de que haya cortafuegos en todos los bosques que abarque su jurisprudencia para evitar la propagación de incendios. Existe la figura del guardabosques (en inglés *forest rangers*), que se encargan de custodiar bosques, cotos de caza, parques nacionales, etc., donde patrullan para localizar inicios de incendios, caza ilegal o personas arrojando basura.

Hay ingenieros que dan clases en la universidad, en centros de formación profesional media y superior o en centros de interpretación del medioambiente. Realizan proyectos de investigación tanto los que trabajan en estos centros educativos como los que trabajan en una empresa u organismo público.

Cualidades

Los ingenieros forestales y de montes son apasionados de la naturaleza (especialmente los bosques) y buscan la repoblación de las tierras. Los que trabajan en industrias madereras entienden la necesidad que hay en la sociedad de hacerse valer de árboles para obtener madera para diferentes usos. Son personas con conocimientos técnicos sobre maquinaria y también de biología, química y el medioambiente. Conocen también muy bien la región donde trabajan (tipo de árbol, climatología, tipo de suelo, etc.), las leyes que aplican a cada región y saben interaccionar con políticos.

Estudios profesionales necesarios

Existen tanto ingenierías técnicas como superiores de forestales y de montes para poder desarrollar este tipo de trabajo. Para trabajar en la Administración Pública se necesitan hacer oposiciones.

69. Paisajista, Técnico en jardinería/ Jardinero, Técnico en floristería/ Floricultor – *Landscape Architect/Garden Designer, Gardener, Florist*

#jardín #flores #parque #ambientación #vistapanorámica

Trabajo que desempeña

Los paisajistas diseñan la distribución de árboles, arbustos, flores y también otros elementos como fuentes, estanques, esculturas, bancos, etc., en un área en concreto, que puede ser una plaza, una o varias calles, campos de golf, campos deportivos, parques, el exterior de empresas, jardines públicos o privados, terrenos de un hotel, etc. Muchos paisajistas trabajan en empresas que dan este servicio principalmente a ayuntamientos, gobiernos y grandes empresas, otros están más enfocados a terrenos de casas privadas, pequeños restaurantes y hoteles. Tienen conocimientos sobre jardinería, agronomía y ciencias ambientales para valorar el tipo de tierra y el clima de la zona para así elegir el diseño. Muchos también gestionan la compra de las plantas (o las cultivan en sus propios viveros) y la compra de los elementos que van a formar parte del paisaje, dan indicaciones a los obreros y jardineros y establecen el plan de mantenimiento, entre otras cosas. Hay paisajistas muy conocidos, cada uno con un estilo diferente, como Kim Wilkie (líneas rectas), Piet Oudolf (uso de «malas hierbas»), Fernando Caruncho (minimalismo), Martin y Peter Wirtz (bosque urbano) y Marc Peter Keane (fusión oriente-occidente).

Los técnicos de jardinería se encargan del mantenimiento de plantas en viveros o jardines. Algunos están contratados directamente por los ayuntamientos, sobre todo para el mantenimiento de parques y jardines públicos, y otros por empresas que dan servicio tanto a entidades públicas y privadas como a individuos para sus propiedades. En los últimos años está aumentando la creación de grandes jardines verticales urbanos (también llamados muros verdes) y jardines colgantes en las calles y también versiones más pequeñas dentro de locales comerciales e incluso viviendas privadas.

Los técnicos de floristería suelen hacer trabajos más minuciosos, como ramos de flores, coronas funerarias o arreglos florales. Trabajan en floristerías a pie de calle o en viveros para proporcionar las flores a las floristerías o para realizar grandes encargos por parte de ayuntamientos, comunidades de vecinos, empresas privadas, etc. Tanto los técnicos de jardinería como los de floristería pueden trabajar en empresas de paisajismo para colaborar con el diseño y la valoración de la tierra y la humedad y luminosidad para la elección de las plantas y flores. También se dedican a hacer talleres de floristería (por ejemplo, flores secas, centro de mesa) y jardinería (cactus, cultivo de hortalizas) para niños y adultos.

Otra salida profesional de los jardineros es en los jardines botánicos, zoos e invernaderos para el diseño y mantenimiento de las diferentes áreas del recinto. En este caso, tienen que tener grandes conocimientos sobre muchas más variedades de plantas medicinales, exóticas, acuáticas, etc., ya que en estos recintos lo que se busca es mantener una gran colección de plantas para fines docentes y de investigación.

Los paisajistas, técnicos de jardinería y de floristería buscan con el diseño de los jardines o áreas crear espacios de gran belleza, pero en algunas ocasiones se busca también un efecto terapéutico de relajación y bienestar.

Cualidades

Son grandes amantes de las plantas y las flores, conocen muchas especies de ellas y qué tipo de suelo, de riego y de luz necesitan. Tienen una gran orientación al cliente, entendiendo qué es lo que quiere para así aconsejarle sobre las diferentes posibilidades que hay. Es necesario tener creatividad artística a la hora de combinar los colores y las formas de diferentes tipos de plantas y flores. Los técnicos de jardinería poseen una gran capacidad de observación para diagnosticar una enfermedad, la falta de nutrientes o de luz en las plantas.

Estudios profesionales necesarios

Muchos paisajistas (sobre todo los de alto nivel) han estudiado Arquitectura o Arquitectura de Paisaje (*landscape architecture*), otros han hecho ciclos formativos de grado superior sobre paisajismo, gestión rural o gestión y organización de los recursos naturales y paisajes. Algunos acceden con carreras como Biología o Ambientales y estudian másteres o cursos sobre paisajismo para poder especializarse.

Los técnicos de jardinería o floristería normalmente han estudiado un ciclo formativo de grado medio o superior relacionado con la floristería y ornamentación, jardinería y floristería, etc. Esto no quita para que ingenieros agrónomos, ingenieros técnicos agrícolas, biólogos o incluso personas que hayan estudiado carreras no científicas se quieran dedicar a esto. Normalmente aprenderán a hacer el trabajo en un curso de especialización o incluso siendo aprendices dentro de una empresa.

70. Ingeniero agrónomo, Ingeniero técnico agrícola – *Agronomist, Agricultural Engineer/Agriculturalist*

#cultivos #tierra #semillas #cosecha #invernadero

Trabajo que desempeña

Los ingenieros agrónomos buscan la optimización de los productos agrícolas, haciendo de mediadores entre los agricultores que atienden los cultivos y los investigadores que trabajan en los laboratorios buscando sus mejoras a través de ingeniería genética o con nuevos pesticidas. Pasan mucho tiempo en el campo para poder examinar si hay plagas, si salen muchas malezas, si el cultivo no está creciendo por el pH del suelo, por una enfermedad, etc. Cuando hay desastres naturales, como una inundación, sequía o terremoto, los ingenieros agrónomos buscan paliar las consecuencias para minimizar los daños. Buscan y testan nuevas variedades y colaboran con los investigadores para el cruce de los cultivos. Hay ingenieros agrónomos que trabajan para viñedos y empresas de explotación agrícola. También trabajan en ayuntamientos y Gobierno central para la planificación de las políticas en materia agrícola, la administración de las ayudas estatales y europeas o la gestión de plagas, enfermedades o desastres naturales que afecten a largas extensiones agrícolas.

Los ingenieros técnicos agrícolas gestionan los equipos que se utilizan para la siembra, el riego, el drenaje, cultivos hidropónicos, el mantenimiento de la humedad y temperatura, la recogida de los cultivos, frutos, etc. Se encargan de la instalación, reparación y mantenimiento de equipos. También prueban nuevas máquinas y tecnologías aplicadas a la agricultura e intentan implementar prácticas más modernas y eficientes en el campo. Trabajan para las empresas que se dedican a la explotación agrícola de viñedos, olivos, árboles frutales y hortalizas o en empresas que venden las maquinarias y tecnologías que se usan en el campo. Los ingenieros técnicos agrícolas también trabajan para los ayuntamientos y el gobierno central.

Además de con los agricultores, los ingenieros agrónomos e ingenieros técnicos agrícolas trabajan con los horticultores, que se dedican al cultivo de hortalizas y verduras, y con los viticultores, que trabajan en los viñedos. Existen también los vermicultores o lombricultores, que cultivan lombrices para hacer compost, es decir, para la creación de tierra fértil para los cultivos, los cuales, además, tienen gran cantidad de lombrices.

Hay algunos que dan clases en la universidad o en másteres de especialización de cultivos. Realizan investigaciones junto con investigadores que trabajan en los laboratorios y ponen en práctica los experimentos en el campo, coordinando a los agricultores.

Cualidades

Los ingenieros agrónomos y técnicos agrícolas son muy resolutivos y eficaces, ya que tienen que aplicar soluciones prácticas e inmediatas a los problemas que surgen en el campo para evitar las posibles pérdidas en los cultivos. Es necesario tener buenas dotes de comunicación, estar a gusto trabajando en equipo y saber interaccionar con políticos y empleados públicos. También es importante que sepan sobre gestión económica y cómo buscar inversores o ayudas estatales en caso de que haya un desastre natural. Les gusta trabajar al aire libre y tienen interés por el manejo óptimo y ético de los recursos agrarios y naturales.

Estudios profesionales necesarios

Para desarrollar este trabajo hay que estudiar la carrera de Ingeniería Agrícola o Ingeniería Técnica Agrícola. También hay formaciones profesionales de horticultura, viticultura, gestión de empresas agropecuarias, gestión de los recursos naturales, etc., pero en algunos casos no podrá dirigir proyectos.

71. Enólogo – *Aenologist/Winemaker*

#vino #uva #olor #bodega #viñedo

Trabajo que desempeña

El enólogo es el responsable de supervisar la elaboración del vino en su conjunto y tomar decisiones en cada paso que hay en él. Se encarga de la elección del tipo de uva y de tierra a cultivar en el viñedo, uso de pesticidas, fertilizantes, proceso de prensado, de fermentación, elección de las levaduras, mezcla de variedades de uva para cada botella, tipo de barrica y la duración del vino en ella, entre otras cosas.

En bodegas que están abiertas al público, el enólogo a veces se encarga de explicar el proceso de cultivo, fabricación y embotellado del vino, así como las características de los vinos que se ofrecen durante la cata. Algunas bodegas han montado museos del vino, en los que los enólogos también participan en la adquisición de objetos para su exhibición y disposición en el museo y en el contenido educacional que se expone.

Los enólogos participan activamente en la toma de decisiones sobre el embotellado, etiquetado, posicionamiento de la marca en el mercado, comercialización y distribución.

Supervisan el control de calidad del vino y realizan investigaciones en el laboratorio para mejorar la calidad de sus vinos, elaboración de nuevas mezclas, nuevas variedades de uva, variantes del vino, etc. Algunos dan clases en la universidad, imparten cursos sobre nuevas técnicas, catas y maridaje de vinos con comida o son críticos de vino.

Existen también museos del vino que están diseñados y gestionados por enólogos y otros profesionales. En España tenemos el museo del vino de Peñafiel (Valladolid) y el museo Vivanco en Briones, La Rioja.

Cualidades

El enólogo es un apasionado del vino: debe tener unos conocimientos técnicos muy variados sobre química orgánica e inorgánica, genética, características de los suelos, fertilizantes, pesticidas, tipos de uva, clima, aspectos legales y económicos del sector, etc. También es conveniente que tenga bien desarrollado el sentido del gusto y del olfato para que pueda apreciar los matices del vino y así poder trabajar en la mejora de su olor y sabor.

Cada vez más las bodegas no son solo lugares de fabricación del vino, sino establecimientos abiertos al público para que se realicen visitas y catas en ellos, por lo que es bueno que el enólogo tenga buenas dotes de comunicación y sepa hacer de la bodega un sitio agradable para atraer al público.

Estudios profesionales necesarios

A día de hoy existe la carrera de Enología, que ya empieza a ser un requisito necesario para poder trabajar de enólogo. Anteriormente se accedía con carreras como Biología, Química, Ingeniería Química, Bioquímica, Ambientales, Farmacia, Nutrición y Dietética, Ciencia y Tecnología de los Alimentos o Ingeniería Agrícola.

En la mayoría de las veces, es el propio enólogo quien hereda, compra o monta su propia bodega, por lo que es bueno tener conocimientos empresariales.

Muchos de ellos se están capacitando para aprender la elaboración de cervezas artesanales. También se están empezando a hacer otros productos en los que el vino es parte de los ingredientes, como mermeladas, cosmética, etc.

72. Técnico de ganadería y avicultura, Acuicultor/Piscicultor, Apicultor – *Livestock and Poultry Farming Technician, Aquaculturist/ Fish-farmer, Beekeeper*

#carne #leche #miel #pescado #seda

Trabajo que desempeña

El técnico de ganadería y avicultura diseña y gestiona granjas para albergar un gran número de mamíferos y/o aves para la producción de carne, piel, plumas o de algún subproducto, como la leche o los huevos. Entre sus actividades estarían, principalmente, la cría del cerdo, vaca, oveja, cabra, caballo, burro, gallina, pato, oca y conejo. En España y otros países existen granjas de toros que sirven no solo como sementales y para carne, sino también para las corridas de toros. En otros países es común criar otro tipo de animales como canguros, búfalos, avestruces o alces.

El acuicultor/piscicultor es la persona encargada de diseñar y gestionar cultivos acuáticos para la crianza de algas, plancton, pulpo, marisco y pescado para alimentación, aceites, biocombustibles, productos para la industria farmacéutica, cosmética, dietética o para la propia alimentación de los peces. Hay diferentes tipos de cultivos: los de baja intensidad, que se realizan en los medios naturales (mares, lagos); los de semintensiva, que serían sistemas más controlados (jaulas en el mar), e intensiva, que se realiza en medios artificiales (piscifactorías).

El apicultor es el profesional responsable de cuidar y mantener abejas melíferas en panales, sobre todo para la producción de miel, jalea real, propóleo, cera y veneno (apitoxina). Para ello, hace uso de trajes de buzo especiales para protegerse de sus picaduras y de ahumadores para ahuyentarlas y poder extraer la miel. En algunos casos también comercializan abejas reina para otros apicultores, coleccionistas o museos de ciencia o las tienen para que polinicen sus árboles y plantas.

Otros especialistas relacionados con animales serían los helicicultores, que cultivan caracoles como alimento (carne o huevas) o para la obtención de sus babas para productos de cosmética; los sericultores, que cultivan a gran escala gusanos de seda para la producción de este tejido, productos para la cicatrización de heridas o para la cosmética, y los criadores de mariposas en mariposarios, que se utilizan para polinización y, en algunas ocasiones, para bodas y otros eventos especiales (por ejemplo, la empresa Muchosmusuk).

Muchas de estas granjas están relacionadas con el cultivo de tierras y se denominan granjas agropecuarias. También puede que estén asociadas con una fábrica para el procesamiento de la carne, la leche (pasteurización y producción de queso y yogur), pescado o tejido de seda, entre otros. Además, se está fomentando la producción de productos ecológicos, por lo que es muy importante la elección de los alimentos y medicamentos que se dan a los animales. También se está buscando la sostenibilidad, asociándose con otras empresas para la gestión de los residuos (abono).

Todos estos profesionales trabajan con investigadores de universidades para la mejora de la raza, de las propiedades de los productos, para la ingeniería genética, etc. También para la mejora de las instalaciones y uso de robots. Algunos de ellos dan clases en los ciclos formativos, organizan y/o participan en congresos de la industria, etc.

Cualidades

Todos estos profesionales son amantes de los animales, pero entienden la necesidad de suministrar alimento a la sociedad. Por esto, deben ofrecer a los animales unas condiciones éticas de salud, trato y alimentación y una muerte digna en aquellos casos que el animal es el propio alimento. Son personas que tienen ciertos conocimientos sanitarios y biológicos de los animales, aunque en los casos de la cría de mamíferos cuentan con veterinarios. Muchos de ellos son emprendedores, iniciando el propio negocio de empresa o cooperativa.

Estudios profesionales necesarios

Para todas estas profesiones se necesita un título de formación profesional medio o superior especializado en la cría que se quiera hacer. Algunos de ellos además han estudiado carreras universitarias como Veterinaria o Biología u otros ciclos profesionales relacionados, pero es necesario recibir esta formación adicional específica, sobre todo si se quiere montar un negocio de gran tamaño.

73. Veterinario – *Veterinarian*

#animales #mascotas #granja #zoo #acuario

Trabajo que desempeña

El veterinario se encarga del manejo y cuidado médico de los animales, principalmente domésticos y de granja, entre ellos los perros, gatos, cerdos, vacas, caballos, etc. Es importante destacar que, además de los animales domésticos y de granja comunes en la mayoría de los países, los hay específicos de una región, como podrían ser los camellos, las alpacas o los búfalos. Por tanto, los veterinarios de esos países necesitarán saber cómo tratar a estos animales, mientras que para uno que resida en Europa, por ejemplo, no será tan necesario porque en muy raras ocasiones tendrá que atenderlos.

Muchos de ellos trabajan en tiendas-clínicas a pie de calle y en hospitales veterinarios, mientras que otros trabajan en empresas de ganadería, hipódromos, mataderos municipales, centros de acogida (perrera municipal), zoos, acuarios y centros de rehabilitación de animales silvestres. Los que trabajan en tiendas-clínicas a pie de calle se dedican tanto a la venta de animales y productos relacionados con ellos (comida, correas, bebederos, medicamentos, etc.) como a la atención sanitaria (vacunas, cirugías, etc.). Algunas también incluyen otros servicios como peluquerías caninas, pero de esto se suelen encargar técnicos y auxiliares de veterinaria. Dan asesoramiento a los dueños de animales sobre su cuidado y su alimentación y asisten al parto cuando es necesario. También existen clínicas u hospitales veterinarios más grandes donde hacen análisis, diagnóstico y cirugías más complejas que en las clínicas pequeñas y además suelen atender a animales exóticos. Muchos de estos veterinarios dan clases en la universidad y participan en labores de investigación, sobre todo de nuevos fármacos y nuevas intervenciones médicas (ensayos clínicos veterinarios).

Hay otros veterinarios que trabajan en granjas dedicadas a la producción de alimentos (leche, huevos, etc.), empresas ganaderas donde sacrifican a los animales para el alimento (carne, patés, etc.) o cría de toros y vaquillas para las corridas (muchos de ellos sirven de alimento después). Su función es la de asegurarse de que tienen un trato correcto, una alimentación óptima y de que reciben las vacunas y otros tratamientos adecuados para que los productos que se obtienen de ellos puedan ser consumidos por las personas sin riesgo alguno. También se encargan de identificar a los animales con microchips, marcas o etiquetas.

En los zoos y acuarios, los veterinarios atienden a una amplia diversidad de animales, colaborando con otros profesionales que trabajan en estos centros, especialmente investigadores y cuidadores de animales. En los hipódromos y clubes ecuestres, los veterinarios velan por la salud de los caballos para que reciban un buen trato por parte de los usuarios.

La labor de los veterinarios en los centros de rehabilitación silvestre es cuidar a animales salvajes para que puedan volver a su hábitat natural, ya que necesitan rehabilitarse física y conductualmente en el centro para no depender de los humanos. Aquí también realizan educación sobre la fauna y el respeto al medioambiente a grupos escolares, principalmente, y realizan investigación sobre el comportamiento de los animales.

Especialmente los que trabajan en clubes ecuestres, granjas, zoos y acuarios colaboran con hospitales, centros de discapacidad, asilos de ancianos e incluso cárceles para administrar zooterapia o terapia asistida con animales; esta puede ser con caballos (equinoterapia), delfines (delfinoterapia) o animales de compañía (la más conocida es con perros, canoterapia).

Existe también la función del veterinario municipal o veterinarios que trabajan para el Gobierno. Tienen varias funciones, como la de asegurarse de que en las granjas y mataderos de su localidad se están cumpliendo las leyes establecidas sobre el trato digno a los animales, higiene en las instalaciones, etc. Otra de sus funciones es la identificación de diferentes razas de animales y participar en ferias de ganado. También existen los concursos de animales (sobre todo de perros y caballos), que cuentan con veterinarios pertenecientes a las sociedades de animales correspondientes.

Cualidades

Los veterinarios son amantes de los animales, ya que disfrutan mucho cuidándolos e interaccionando con ellos. Tienen unos conocimientos muy amplios y prácticos sobre una gran diversidad de animales, aunque algunos de ellos se especializan en uno en concreto (por ejemplo, perros o caballos) o de una técnica en particular (cirugía interna o traumatología). En muchos casos se necesita de una buena forma física al tener que mover animales de cierto tamaño. Trabajan en equipo con técnicos y auxiliares, taxidermistas e investigadores (principalmente de biología y ambientales) para sus proyectos. Muchos de ellos trabajarán una gran parte de la jornada al aire libre o bajo el agua o tendrán que desplazarse a los lugares donde estén los animales en algunos casos.

Estudios profesionales necesarios

Para ser veterinario hay que estudiar la carrera universitaria de Veterinaria y, si se quiere ser veterinario municipal o del Gobierno, hay que hacer oposiciones.

74. Taxidermista – *Taxidermist*

#animales #piel #conservación #exhibición #coleccionismo

Trabajo que desempeña

El taxidermista diseca animales para conservar su apariencia de estar vivos y así poder exponerlos y estudiarlos. La mayoría de los animales que se disecan son mamíferos y aves, pero la técnica se aplica para cualquier animal. Lo que se suele conservar es la piel y plumas para después colocarlo en un molde con la forma del animal. En menor medida se preparan cráneos, colmillos y dientes. Casi todos trabajan en museos de la ciencia/historia natural, zoos y centros de rehabilitación de animales silvestres, si bien alguno lo hace a nivel personal para su colección privada o para la venta en tiendas. Estos últimos suelen ser personas a las que les gustan la caza y la pesca.

Muchos taxidermistas, junto con veterinarios, investigadores y técnicos de su centro de trabajo, realizan la conservación de animales para su exposición usando otros métodos como alcohol, formol, plastinación (resinas), embalsamiento o liofilización. También participan en el mantenimiento y la ampliación de las colecciones de insectos, reptiles o incluso flores y hojas del museo.

Una técnica también utilizada por ellos es la criptotaxidermia, en la que se reproducen animales que están extinguidos, criaturas de la mitología o seres inexistentes, usando las técnicas de la taxidermia.

El taxidermista trabaja en su día a día normalmente solo, pero colaborará con varios profesionales de su centro de trabajo para la decisión sobre qué animales se van a disecar, qué colecciones se van a exponer y de qué manera. Puede participar en labores de investigación junto con otros miembros de su equipo, normalmente veterinarios e investigadores de la carrera de Biología.

Cualidades

Los taxidermistas están muy interesados por la ciencia y los animales en particular, pero también por el arte. Les interesa el estudio de los animales y su exposición para fines educacionales y/o artísticos. Son personas muy meticulosas y minuciosas, ya que es muy importante limpiar bien todos los resquicios en la piel u otras partes del animal para una adecuada conservación. Muchos de ellos son buenos dibujantes de animales.

Son personas muy creativas, ya que a veces hacen recreaciones de actividades que los animales realizan en su hábitat natural.

Estudios profesionales necesarios

Muchos taxidermistas han estudiado Biología, Veterinaria, Bioquímica, Medicina o carreras relacionadas, pero en realidad no se requieren estudios universitarios previos. Lo importante es encontrar un centro de aprendizaje donde uno se pueda especializar en taxidermia, zoología y taxonomía y, además, en carpintería, moldeo y fundición. Esto se puede aprender a través de cursos de formación de taxidermia impartidos en museos, centros de rehabilitación, zoos o centros educativos. Otra manera de formarse es trabajando directamente de aprendiz con un taxidermista o por cuenta propia a través de libros, vídeos y haciendo consultas a algún profesional si fuera necesario.

75. Cuidador de animales – *Animal Caretaker/Zookeeper/Aquarist*

#animales #habitatnatural #agua #cuidados #entrenamiento

Trabajo que desempeña

Los cuidadores de animales trabajan principalmente en zoos, acuarios, safaris, reservas y centros de rehabilitación de animales silvestres. Su función principal es atender a los animales que viven en ellos, proporcionándoles el hábitat y la alimentación más parecida a la que tendrían en libertad. Se encargan de limpiar la zona donde viven, diseñar nuevos espacios, organizar las diferentes áreas del zoo/acuario y de gestionar nuevas adquisiciones, muchas veces viajando a diferentes países para preparar su traslado. Hacen un seguimiento de su salud, junto con los veterinarios del centro. Entrenan a ciertos animales y realizan investigaciones sobre sus comportamientos. Llevan un control de la alimentación, enfermedades, embarazos, heridas, comportamientos, etc. También preparan toda la información de las exhibiciones para que los visitantes puedan aprender sobre ellos, dan formaciones a grupos, principalmente escolares y participan en proyectos de investigación junto con los veterinarios e investigadores del centro. Velan por la seguridad de los animales impidiendo que los visitantes les den comida o evitando que sean capturados por cazadores, entre otras cosas.

Los cuidadores de animales también pueden trabajar en centros de rehabilitación de animales silvestres, que están abiertos al público, aunque son menos conocidos que los zoos y acuarios, ya que se encuentran ubicados en zonas rurales. Allí cuidan y curan de los animales que han sido afectados, principalmente, por la actividad del hombre, para devolverlos a su hábitat lo más pronto posible. Hacen labores de concienciación del cuidado del medioambiente a los grupos que los visitan, normalmente escolares. En muchos de estos centros se hace investigación sobre los animales que viven en ellos, para aprender más sobre sus costumbres, su apareamiento, sus relaciones sociales, su interacción con el medio, etc.

Los cuidadores también trabajan en las perreras municipales y protectoras de animales, donde llegan animales abandonados, maltratados o simplemente que los dueños no pueden encargarse ya de ellos y quieren darlos en adopción. Sus funciones son la alimentación, la limpieza del lugar y la recuperación y adiestramiento de los animales. Realizan actividades de concienciación ciudadana sobre el respeto hacia ellos. Buscan también familias que quieran adoptar a los perros u otros animales que tengan a su cargo para poder darles una segunda vida. Los hoteles caninos, unidades de la Policía y Guardia Civil de Caballería, centros de equitación, canódromos e hipódromos son otros centros de trabajo donde hay cuidadores de animales y las funciones principales son el cuidado, la alimentación y la limpieza del lugar donde viven.

También existen los denominados monteros, que crían perros para la caza de montería, y cetreros, que se sirven de aves rapaces para la caza (cetrería). Estas aves también se usan para ahuyentar a otras aves de una zona o espacio cerrado (sobre todo palomas) y también para bodas, ferias medievales y otros eventos.

Cualidades

Los cuidadores de animales tienen un gran interés y respeto por los animales, en especial aquellos que están en peligro de extinción. No pueden tener aprensión, tienen que saber ayudar a animales enfermos y darles la atención que necesitan. Son muy activos, están continuamente formándose sobre los animales que tienen a su cargo y de los que podrían traer al centro. Son muy organizados, ya que necesitan llevar un control de la alimentación y todo lo que le ocurre al animal. Necesitan estar en buena forma física debido al tamaño de algunos animales, por las tareas de limpieza y acondicionamiento de sus hábitats o porque es necesario bucear. Algunos cuidadores trabajan continuamente en el exterior, donde las condiciones climáticas pueden ser duras.

Estudios profesionales necesarios

Con la carrera de Biología, Bioquímica, Ambientales u otras relacionadas se puede acceder a la profesión de cuidador de animales de zoo o de acuario. Con la carrera de Veterinaria también se puede acceder a este puesto de trabajo, aunque normalmente serán contratados como veterinarios para hacer el seguimiento clínico de los animales más que como cuidadores propiamente dichos. Ciclos formativos de grado medio o superior relacionados con la biología y ciencias ambientales también permiten acceder a este puesto de trabajo. Para trabajar en acuarios y en algunos zoos en muchos casos hay que tener la certificación para poder bucear.

76. Conservador de museo, Director de zoo/acuario/jardín botánico – *Museum Curator, Zoo/Aquarium/ Botanical Garden Director*

#exhibiciones #colecciones #aprendizaje #biodiversidad #especies

Trabajo que desempeña

Los conservadores son los directores de museos de la ciencia, de ciencias naturales, de geología o de paleontología, cuya función es la de mantener, inventariar, catalogar, estudiar, aumentar y exhibir la colección del museo, así como encargarse de la gestión del presupuesto, de los recursos humanos, de las instalaciones, del diseño de las exposiciones, la recaudación de fondos, los amigos del museo, actividades, eventos, etc. Colaboran con otros centros para preparar las exposiciones temporales y con universidades para realizar investigaciones sobre diferentes temas relacionados con su colección. También suelen contratar a investigadores para que trabajen en el centro.

Los directores de zoo, acuario, jardín botánico, parques naturales y centros de rehabilitación e interpretación de la naturaleza se encargan de dirigir el centro, de asegurarse de que los animales y plantas estén bien, que haya un inventario de las colecciones y que estén bien catalogadas, de buscar nuevas adquisiciones o hacer traslado de animales o plantas entre diferentes centros. También dirigen las exhibiciones que se van a presentar, buscan exposiciones temporales para traerlas al suyo o deciden sobre eventos que se realicen en su centro.

Existen otros museos científicos más especializados. El Museo Mütter en Filadelfia, perteneciente al colegio de médicos de la ciudad, es un museo de ciencia e historia médica con una gran colección de muestras anatómicas y patológicas, modelos de cera y equipos médicos antiguos. Otro museo más específico es el museo de microbiología que se ha creado recientemente en Ámsterdam llamado Micropia, que es único en el mundo donde se exponen microorganismos en placas Petri. También existen los bancos de semillas: los más importantes son el de Londres (Banco de Semillas del Milenio, coordinado por el jardín botánico) y otro en Svalbard (Noruega), el más grande y considerado el banco de semillas mundial. Estos bancos no se pueden visitar por el público ni por investigadores, sino que es una manera de preservar la biodiversidad de semillas necesarias, principalmente, para el cultivo y la investigación.

Cualidades

Los conservadores y directores son amantes de la ciencia, los animales, las plantas y la naturaleza. Buscan su cuidado y conservación, pero también buscan dar a conocer al público la biodiversidad de las especies, su belleza y la importancia de cuidar los animales, las plantas y el medio natural.

Es importante que sepan tratar con políticos, ya que normalmente reciben fondos del Gobierno. Muchas veces tienen que acudir a eventos u organizarlos en su centro, al que asistirán diferentes personalidades para dar a conocer la labor que hacen en el centro o para recaudar fondos.

Estudios profesionales necesarios

Para ser conservador de un museo o director de alguno de estos centros hay que estudiar carreras como Biología, Bioquímica, Veterinaria, Química, Geología, Ambientales o Paleontología. La gran mayoría de ellos han realizado un doctorado y un posdoctorado, especialmente si se hace investigación en su centro. Algunos de ellos realizan másteres sobre la gestión de personal y presupuestos para desempeñar mejor su trabajo.

77. Policía científica – *Forensic Scientist*

#huelladactilar #pruebas #crimen #investigación #balística

Trabajo que desempeña

La policía científica es una especialización dentro del Cuerpo Nacional de Policía que se encarga de aplicar el método científico y criminalístico para apoyar, con diferentes pruebas y datos, la resolución de los casos. Para ello, se dedican a adquirir diferentes pruebas, realizar análisis y sacar deducciones para luego discutirlos con la policía judicial y presentarlos en los juicios cuando es necesario. Se encargan de que todas estas pruebas físicas y datos electrónicos estén bien conservados y salvaguardados.

Entre las pruebas que recogen hay huellas dactilares, ADN proveniente de diferentes fuentes (sangre, pelos, piel), muestras de pintura de coches, balas, armas, etc. Todo ello va acompañado de fotos numeradas y con escala para saber dónde estaban y la medida que tienen. Estas muestras se guardan en recipientes o bolsas estériles para que no se contaminen, se custodian en todo momento hasta el laboratorio y, posteriormente, en el lugar de almacenaje.

Dentro del cuerpo de la Policía, es la policía judicial la que normalmente lidera la investigación del caso, coordinando a los diferentes profesionales que están trabajando en ello y juntando todos los hechos, pruebas, interrogatorios y confesiones para resolver el caso. La policía científica colabora en la investigación dando su criterio de lo que ha podido haber ocurrido según las pruebas recogidas y los resultados obtenidos, también basándose en la información que recibe de la policía ejecutiva. Cabe destacar que dentro de la Policía hay personal especializado en grafología, balística, psicología e informática, entre otras especializaciones, que aportan su conocimiento dependiendo del tipo de pruebas y del crimen que se ha cometido.

En algunas ocasiones, la policía científica trabaja con consultores científicos de universidades para que los ayuden a identificar ciertos materiales sintéticos, la localización geográfica de insectos y rocas de las víctimas, estudios de toxicología, etc.

En España tenemos la Policía Nacional, que está presente en todo el territorio, y la Guardia Civil, que está presente en diferentes pueblos del territorio español. En algunas comunidades autónomas existe la policía autonómica, como los Mossos d'Esquadra en Cataluña o la Ertzaina en el País Vasco, que tienen repartidas las tareas con la Policía Local/Municipal en cada localidad. También existe la Oficina Central Nacional de la Interpol, que cuenta con policía científica que ayuda a la nacional y pone en contacto a la policía de diferentes países. La oficina central de la Interpol está en Lyon (Francia).

Cualidades

Los policías científicos son muy organizados, capaces de recoger, catalogar y almacenar multitud de pruebas y de muchos casos diferentes. Son muy minuciosos y limpios a la hora de recoger pruebas, para no contaminar la escena. En España, los hombres deben tener una estatura igual o superior a 165 cm y las mujeres 160 cm y no exceder los 203 cm. Es importante estar en buena forma física, ya que habrá que pasar las pruebas físicas que hay en el examen de entrada a la academia.

Estudios profesionales necesarios

Para trabajar en la policía científica se necesita, como mínimo, haber obtenido el bachillerato para opositar al Cuerpo Nacional de Policía a la escala básica o una carrera universitaria para la escala ejecutiva. En ambas escalas hay que prepararse para hacer un examen físico, médico, de conocimientos y psicológico, siendo el nivel de dificultad más alto en la escala ejecutiva que en la básica. En la escala ejecutiva se entraría en el nivel de inspector después de la formación inicial dentro de la academia. Cualquier carrera valdría, pero Química, Biología, Medicina o Criminología tiene más relación con el trabajo y pueden ayudar a obtener puntos una vez dentro. Existen también másteres sobre la policía científica, como Criminalística y Ciencias Forenses, que pueden ayudar a acceder más rápido al puesto. Primero se empieza siendo policía nacional y después se podrá acceder a los puestos de policía científica. Cabe destacar que los puestos para policía científica de escala ejecutiva son escasos en España.

78. Organizador de eventos/ Organizador de congresos científicos – *Scientific Event Coordinator/ Scientific Congress Organizer*

#protocolo #convención #planificación #exhibición *#networking*

Trabajo que desempeña

El organizador de eventos científicos se encarga de gestionar de principio a fin un congreso científico, *steering committees* (comités de dirección), *advisory boards* (comités asesores), charlas y simposios. En algunos casos, profesionales como MSL, médicos, investigadores, etc., organizan el evento si es pequeño y sencillo, pero en el caso de ser más grandes suelen contratar a una agencia de organización de eventos, que muchas veces ya está especializada en eventos científicos y médicos. Esta empresa gestiona el espacio, la comida y bebida, las invitaciones y/o la publicidad del evento, los ponentes y moderadores, los *stands*, la zona de pósteres, la financiación de los patrocinadores o la tecnología que se use en el evento (micrófonos, pantallas, etc.). Desde el inicio de la pandemia han incrementado sustancialmente los eventos con formato online o híbrido (presencial y online), por lo que algunas de estas empresas han tenido que incorporar este servicio si no lo tenían. La agenda siempre viene diseñada por la persona o personas que inician el evento (se les llama coordinadores científicos) y normalmente ellos son los que invitan a los ponentes y moderadores a participar en el evento. Para los congresos científicos de gran envergadura, suele haber muchos coordinadores (a veces más de diez), ya que duran varios días y en un mismo día hay varias salas con una agenda diferente en cada una de ellas.

Estas empresas de organización de eventos también se encargan de dar servicio a empresas para organizar los *steering committees* y los *advisory boards* y dinamizar la reunión. Ejemplos de estas empresas sería Beacon Scientific Group en Estados Unidos o Tactics en España. Suelen ser comités para aconsejar a empresas farmacéuticas y biotecnológicas para decisiones sobre ensayos clínicos o para interpretación de datos científicos y médicos. El *steering committee* es un comité de médicos investigadores que se reúne regularmente para ponerse al día sobre las novedades del ensayo, tomar decisiones o comentar problemas que van surgiendo sobre el ensayo en su centro (toxicidades, criterios de inclusión y exclusión restrictivos, etc.). Los *advisory boards* son comités de expertos que se reúnen puntualmente para debatir sobre un tema en concreto: interpretación de los resultados de ensayos y experimentos, toma de decisiones estratégicas de un fármaco, asesoramiento sobre si probar el fármaco en una nueva patología, etc. Estas empresas suelen buscar el día de la reunión, preparar las presentaciones y proporcionar la minuta después de la reunión.

Todas las capitales tienen un recinto ferial donde se organizan eventos y suelen tener un departamento dedicado a los eventos científicos y médicos sobre varias temáticas: productos químicos y nuevos materiales, cosméticos, productos de nutrición y dietética, etc. Estas personas pueden tener un rol más o menos activo dependiendo del evento. En algunos casos solo realizan el contrato, gestionan el uso de las instalaciones y todo lo necesario (escenarios, micrófonos, pantallas, *food trucks* o puestos de comida) y, en otros casos, participan en la elección de los expositores, de las charlas y de las actividades dentro de la feria. También suelen hacer las invitaciones oficiales a diferentes instituciones y cargos públicos de la ciudad, región o país.

Cualidades

Muy buen comunicador, don de gentes, buen trato con los clientes, las instituciones, los políticos y el público. Debe ser una persona muy organizada, ya que dependiendo del tamaño del evento pueden llegar a participar miles de personas, requiriendo una gran coordinación de diferentes equipos. En los casos en que trabajen en el recinto ferial y otras instalaciones para eventos, se tiene que coordinar con los otros departamentos para el calendario de fechas y que haya suficiente tiempo para el montaje y desmontaje de las estructuras utilizadas en la feria.

Estudios profesionales necesarios

Para ser organizador de pequeños eventos no hay que estudiar nada en concreto de por sí, pero suelen ser personas que han estudiado carreras científicas las que lo suelen hacer, ya que tienen interés sobre el tema. Para puestos de más responsabilidad y que se dedican al 100 % a organizar eventos, como el personal que gestiona las ferias científicas en los recintos feriales de las ciudades o los que llevan a cabo los congresos anuales de las sociedades científicas o médicas tienen una formación de Administración y Gestión de Empresas o *Marketing*. Para ser coordinador científico del congreso o conferencia hay que estar dentro del campo que requiere dicho evento.

79. Consultor – *Consultant*

#experto #conocimiento #asesoramiento
#recomendación #análisisdemercado

Trabajo que desempeña

El consultor aconseja a una persona o un grupo de personas sobre un tema del cual ha sido consultado al considerarse un experto o un profesional con las herramientas y la experiencia necesaria para poder conocer sobre el tema. La «entrega» de la información puede ser a través de una reunión, en la que se exponen varios temas y los expertos dan su opinión, o con la entrega de algún documento o presentación.

Por decirlo de alguna manera, hay dos tipos de consultores: los que lo realizan de manera puntual, siendo su trabajo principal otro, y los que trabajan a tiempo completo en una empresa consultora. Los que son consultores de manera puntual, o puntualmente varias veces al mes, suelen ser en su mayoría médicos (a veces también otros profesionales sanitarios) que tienen mucha experiencia en su profesión y son contratados por empresas farmacéuticas, biotecnológicas, de diagnóstico o de aparatos médicos. Estas consultas suelen ser los llamados *steering committees* o comités de asesoramiento, en los que reúnen a varios expertos para comentar el diseño de un ensayo clínico, para valorar posibles indicaciones o para comentar los diferentes análisis de los resultados. A veces también son contratados por agencias de anuncios o cadenas de televisión para comprobar la exactitud del guion (por ejemplo, series que se desarrollan en un hospital o centro de investigación), por constructoras para revisar el diseño de un nuevo hospital, ambulatorio o clínica o por aseguradoras para evaluar reclamaciones. También pueden ser consultados para valorar libros académicos (aquí también incluiría a otros profesionales científicos), para escribir las guías consenso de una enfermedad o para testificar en juicios sobre hechos médicos.

Los consultores que trabajan a tiempo completo en una consultoría (como por ejemplo Deloitte, Accenture o McKinsey and Company) suelen ser en su mayoría profesionales científicos. Estas grandes consultoras se dedican a muchos temas, entre ellos la salud, la industria química, el petróleo y gas, la agricultura, etc. Las empresas les encargan, principalmente, análisis de mercado, para saber qué empresa ha sido líder en el sector, en una enfermedad, en la venta de un producto en concreto, en un país o continente. Últimamente están haciendo muchos análisis junto con el departamento de digital sobre la inteligencia artificial, realidad aumentada y *machine learning* aplicado a la salud. También les aconsejan sobre transformaciones en la empresa relacionadas con la logística, procesos internos o cómo ser más sostenibles. En muchas ocasiones, el consultor se desplaza a trabajar en las oficinas del cliente durante semanas o meses para poder reunirse con varias personas y para conocer de primera mano los circuitos internos de la empresa.

Cualidades

Los consultores son muy trabajadores, con muchos conocimientos y con gran capacidad de recabar información y de sintetizarla. Son muy activos y están en buena forma física, ya que es un trabajo intenso y que normalmente requiere viajar, aunque esto ha cambiado desde la pandemia y quizá en un futuro ya no tengan que realizar tantos desplazamientos.

Estudios profesionales necesarios

Para ser consultor hay que haber estudiado una carrera científica o de la salud. Se valorará mucho el haber realizado un doctorado, posdoctorado u otros estudios como un MBA.

80. Emprendedor/Empresario – *Entrepreneur/Business owner*

#perseverancia #trabajadores #liderazgo
#desarrollodenegocio #gestióneconómica

Trabajo que desempeña

El emprendedor es aquel profesional que monta un negocio para crear un empleo propio y/o para otras personas y así generar ingresos. Muchos profesionales asistenciales crean su propio negocio, como los dentistas, podólogos, psicólogos, terapeutas o nutricionistas. Otros se aventuran a crear una empresa biotecnológica (*startups*), CRO, editorial, empresa para organizar eventos, óptica, farmacia, clínicas de fertilidad, academia de ciencias, empresa alimentaria, química, etc., o son *freelancers* que reciben trabajos por horas o por proyectos de personas, instituciones o empresas.

El emprendedor se encarga de buscar el lugar donde se va a realizar la actividad empresarial, los recursos materiales y personales; a medida que la empresa va creciendo, esto se irá delegando a otros empleados. También busca aumentar la cartera de clientes, la financiación necesaria a través de préstamos bancarios o inversiones, darse a conocer entre los clientes, pacientes y otros profesionales, etc.

También puede hacer crecer el negocio comprando la empresa de otras personas, aumentando el número de socios o diversificando la actividad. Ejemplos de esto sería una CRO que no solo hace la monitorización de los ensayos clínicos, sino que también decide abrir una nueva división para hacer análisis de muestras provenientes de los ensayos. Otro ejemplo es un dentista que se asocia con un ortodoncista y protesista dental para cubrir muchos de los servicios odontológicos dentro de una misma clínica o un consultorio de psicólogos en el que cada uno está especializado en diferentes terapias para solucionar problemas de familia, de pareja, ansiedad y estrés, miedos, traumas o trastornos alimentarios, entre otros.

Cualidades

El emprendedor es activo, enérgico y con mucha capacidad para conseguir dinero o inversores que financien su empresa. Tiene que saber vender bien su producto o servicio, debe saber gestionar a las personas y el dinero. Suele tener don de gentes, muchas habilidades comunicativas para convencer y hacer que confíen en su persona y en su empresa.

Estudios profesionales necesarios

Para abrir un establecimiento, una consulta, una academia o un despacho profesional en los que uno va a trabajar hay que tener la carrera correspondiente para poder ejercer en ello (dentista, nutricionista, psicólogo, farmacéutico, etc.). En algunos casos, la empresa la crean varias personas (socios) de la misma carrera o carreras afines, como por ejemplo Peptomyc, cofundada por las científicas Laura Soucek y Marie-Eve Beaulieu, o MedSIR, fundada por los oncólogos Javier Cortés y Antonio Llombart y la científica María Campos. Otras veces, uno de los socios tiene estudios científicos extensos y el otro no, pero sabe cómo montar un negocio y tiene interés en la ciencia. Un ejemplo de esto sería Genentech, que fue fundado por un hombre de negocios (Robert A. Swanson) y un bioquímico (Dr. Herbert W. Boyer).

Consejos para identificar tus salidas profesionales

Después de haber leído algunas de las profesiones del libro y haber seleccionado las que más te interesan, ahora podrás pasar a identificar tu camino profesional. Saber lo que a uno le gusta implica hacer una reflexión interna para poder dar los pasos acertados hacia una profesión que disfrutemos y con la que estemos orgullosos de nosotros mismos. En las siguientes líneas se darán una serie de consejos y reflexiones para tener en cuenta que ayudarán a saber cuál podría ser el camino profesional de cada uno:

Consejo 1: estar abierto a varias actividades

Tal y como está evolucionando la sociedad actual, lo más probable es que pasemos por diferentes trabajos y distintos perfiles profesionales a lo largo de nuestra vida laboral. Por tanto, es conveniente contar con diferentes opciones sobre la mesa, para así poder afrontar la realidad que nos vamos a encontrar. También puede ocurrir que, para llegar a ese trabajo deseado, haya que pasar previamente por otros, que no haya una oferta del trabajo que te guste en el momento preciso o que para desarrollar esa profesión tengas que mudarte de ciudad o país y tus circunstancias personales o económicas en ese momento no te lo permitan.

Otra de las razones es que muchas personas se dedicarán a varias profesiones a la vez. Es decir, se puede ser investigador, profesor y empresario, aunque normalmente una de esas actividades será el trabajo principal. Ser versátil permite un crecimiento profesional sin tener que cambiar de trabajo, cuando ambos son compatibles. También existen otros casos en los que una persona puede estar unos años desarrollando un trabajo con un perfil determinado y después se cambie a otro puesto con un perfil diferente para variar de rutina, tener nuevos retos, más responsabilidad o un aumento de salario. Lo normal es que el nuevo rol guarde relación con el anterior y, por tanto, la persona esté capacitada para dar el salto.

Consejo 2: saber con quién quieres trabajar

Con qué personas te gustaría trabajar en tu día a día (o con quién serías incapaz) es un factor que hay que tener en cuenta para decidir entre las diferentes opciones de trabajo. Por ejemplo, si te gusta estar con niños, las profesiones de maestro, médico pediatra o coordinador de ensayos clínicos pediátricos podrían ser una salida para ti. O si te gusta trabajar más bien solo, el trabajo de escritor, bioinformático o ilustrador científico podrían encajar con tu forma de ser.

Otras preferencias para tener en cuenta son: si te gusta trabajar de cara al público, con un equipo cerrado, con varios equipos, con gente joven, con ancianos o en un ambiente internacional. También es importante el cómo: si en el día a día se interacciona normalmente con una persona/paciente (por ejemplo, como hacen los fisioterapeutas o dentistas), ante un grupo reducido o audiencia (maestros o profesores) y si va a ser en nuestro idioma nativo o en otros idiomas, ya que esto además implica interaccionar con personas de diferentes culturas y costumbres (monitor médico o gerente de inteligencia competitiva).

Consejo 3: qué campos/temas te interesan

Otra de las preguntas que debemos hacernos es sobre qué temáticas nos gustaría trabajar: pacientes, animales, plantas, hongos, microorganismos, virus, medicamentos, aparatos médicos, pruebas de diagnóstico, alimentos, bebidas, suplementos dietéticos y vitamínicos, productos de cosmética, productos químicos, medioambiente, etc. Cuanto más se especifiquen los temas, mejor podremos orientar nuestra carrera y nuestra búsqueda de trabajo. Por ejemplo, el desarrollo embrionario, el mundo del vino, el cambio climático o la producción de medicamentos para enfermedades cardiacas.

También es importante concretar qué actividades nos gustaría realizar dentro de ese tema. Un ejemplo sería si te interesan los animales para tratar sus enfermedades (veterinario), si prefieres investigar sobre su genética o evolución (investigador), si te gustaría valerte de ellos para realizar terapias (equinoterapeuta) o si te interesa su preservación para que se puedan observar en su medio natural (cuidador de animales) o exponer en un museo (taxidermista). En el caso de que quisieras trabajar con pacientes y sus enfermedades, el abanico es mucho más grande: dentista, fisioterapeuta, optometrista, psicólogo, médico, enfermero, etc.

Como hemos comentado anteriormente, es fundamental estar interesado en varios temas por la dificultad que puede ser encontrar trabajo en esa especialidad o por la imposibilidad de poder desplazarse a otra ciudad o país concreto para realizarlo. Trabajos como el de médico, enfermero o maestro pueden realizarse en muchas ciudades y pueblos, aunque a veces una especialidad médica en concreto no se puede realizar más que en grandes ciudades (por ejemplo, neurocirugía). Otros trabajos, como ser cuidador de animales en un acuario o trabajar en la oficina de patentes de una agencia reguladora, solo se pueden realizar en ciudades muy concretas. Por otro lado, hay profesiones en las que hay muy pocas ofertas de trabajo, como es la de conservador de museo de la ciencia o policía científica. Si realmente estás interesado en ellas, habrás de tener mucha paciencia y estar muy al tanto de que salgan esas ofertas mientras haces otros trabajos que te puedan ayudar a conseguirlos o mientras estudias oposiciones.

Consejo 4: conocer tus talentos y debilidades

Es muy importante conocerse a uno mismo para saber cuáles son los puestos de trabajo que mejor encajarían con nuestra personalidad. Implica saber, por un lado, cuáles son tus mayores talentos (lo que se te da bien) y, por otro lado, cuáles son tus debilidades. Claro está que todo se puede aprender, pero si quieres dar lo mejor de ti mismo y además sentirte feliz, siempre será más conveniente elegir un trabajo donde tus mejores cualidades encajan con la actividad a realizar. Y si las cualidades son muy notorias, conseguirás destacar en aquella profesión que te permita desarrollarlas.

Identificar tus virtudes y defectos conlleva una gran honestidad por tu parte y más aún reconocer que hay algunas profesiones que posiblemente no sean para ti, por mucho que te gusten o tengas admiración por ellas. No es fácil, pero te aseguro que serás mucho más feliz y estarás mucho más valorado en un trabajo que está en línea con tus virtudes y donde tus defectos pasarán más desapercibidos (o incluso puede que sean una virtud). Esto no quita para que uno no quiera mejorar alguna cualidad para llegar a conseguir algún objetivo, pero hay una parte inherente de nuestra personalidad que no podemos cambiar y que será esencial para ciertas profesiones.

Por poner un ejemplo, una persona que se caracterice por ser metódica, solitaria y que le guste pasar horas profundizando en un tema o una tarea será muy eficaz como bioinformático o técnico de laboratorio de investigación, pero no encajará tanto en trabajos como enfermero o terapeuta, donde se requiere mucha paciencia, dedicación y escucha constante a personas que están sufriendo. Ninguna de las profesiones es ni mejor ni peor que las otras; simplemente son trabajos igualmente necesarios, pero diferentes, por lo que requieren personas con perfiles de personalidad muy distintos.

Consejo 5: cuáles son las actividades diarias del trabajo

Es fundamental visualizar cómo será el día a día en tu trabajo y si ello es compatible con tu personalidad. Hay trabajos que normalmente exigen viajar mucho (consultor, monitor de ensayos clínicos), estar muchas horas sentado delante del ordenador (ilustrador, bioinformático), pasar mucho tiempo de pie (técnico de laboratorio, enfermero), estar gran parte del tiempo hablando (maestro, visitador médico), tener una gran carga emocional (algunos médicos, psicólogo) o atender continuamente nuevas personas (fisioterapeuta, dentista), entre otras cosas.

Este punto está muy ligado al anterior, ya que, conociéndote bien, podrás saber si, por ejemplo, serás capaz en tu día a día de hablar ante una gran audiencia o de ser empático con pacientes que están sufriendo una enfermedad. Es decir, una persona que tiene verdadero pánico a hablar en público posiblemente no se va a sentir muy cómodo trabajando como maestro de ciencias o profesor en un instituto o universidad. Como hemos comentado, todas las cualidades se pueden trabajar, pero creo que es importante que, en lo que va a ser una gran parte de tu trabajo, te sientas a gusto y cómodo, y eso tiene que ver con las características intrínsecas de tu personalidad.

Consejo 6: qué sacrificios estás dispuesto a hacer

Hay trabajos que necesariamente van a requerir tener que cambiarse de ciudad o de país; esto puede ser de manera circunstancial o permanente, pero en cualquier caso implica un alejamiento de tu familia y amigos de toda la vida y, si el alejamiento geográfico es considerable, no poder celebrar las navidades, cumpleaños y otros eventos importantes con ellos. Por otro lado, muchos trabajos se desarrollarán en otro idioma diferente al tuyo (incluyendo puestos que se realizan en nuestro país), por lo que necesitarás aprenderlo para que puedas tener acceso a ese puesto de trabajo.

Otro sacrificio que hay que valorar es si estás dispuesto a realizar una formación extra (máster, doctorado o posdoc) o bien prepararte para hacer unos exámenes de acceso (oposiciones, MIR o FIR) para poder acceder a un trabajo que lo requiera, con el coste económico y de tiempo que ello conlleva. Por otro lado, hay profesiones en las que tendrás largas jornadas de trabajo (consultores, emprendedores), trabajar los fines de semana y hacer guardias nocturnas (médicos, enfermeros), que pueden interferir mucho en tu conciliación familiar.

Consejo 7: a qué salario y responsabilidades aspiro

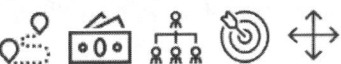

El salario es, por supuesto, una parte importante del trabajo. Hay profesiones que, a día de hoy, están altamente remuneradas y donde, además, la posibilidad de recibir aumentos salariales es mayor comparada con otros puestos de trabajo. Normalmente implican más responsabilidad y, potencialmente, mayor estrés, aunque no siempre es así. Es primordial darse cuenta de que la importancia y la trascendencia de un puesto de trabajo, en muchos casos, no está determinada por su salario, sino que este es un reflejo de los valores de la sociedad, de la experiencia de uno mismo y de la responsabilidad que tenga en el puesto, principalmente. Existe la alternativa de elegir determinados puestos de trabajo en distintos sectores laborales que, aunque con menor remuneración, pueden darnos gran satisfacción, tener menos estrés o ser compatibles con nuestra vida personal. No obstante, a veces es posible compaginar diferentes profesiones o actividades que permitan tener unos ingresos extra y así complementar el salario en nuestro trabajo principal. Ejemplos de esto serían hacer horas extra en el propio trabajo, trabajar por horas en clínicas privadas, dar clases particulares o iniciar un negocio.

Muy ligado al salario está el aumento de la responsabilidad y el crecimiento profesional. Hay trabajos donde es más difícil escalar posiciones dentro de la empresa o centro de trabajo al tener una estructura muy horizontal y con pocas posiciones de jefe o supervisor. Normalmente son profesiones muy vocacionales, como maestro o enfermero, donde la mayoría se dedican a estar con los estudiantes o pacientes y donde se necesitan pocos puestos de coordinación y gestión. Si te gustan estos puestos de trabajo, pero también quieres crecer profesionalmente y tener nuevos retos, se pueden valorar diferentes alternativas. Un ejemplo para el trabajo de maestro sería hacer un proyecto educativo con los alumnos, como la creación de un pequeño jardín botánico dentro de la escuela. Para el trabajo de enfermería también habría las opciones de hacer investigación clínica trabajando en ensayos clínicos o desarrollando tus propios proyectos de investigación.

En el caso de que queramos ir escalando puestos de responsabilidad para liderar equipos, gestionar mayores presupuestos o poder tomar decisiones de mayor peso, es necesario estar en un centro de trabajo que permita estas circunstancias. Normalmente son centros y empresas privadas de tamaño medio-grande con una estructura menos horizontal y donde suele haber rangos profesionales según experiencia y responsabilidad (por ejemplo: asistente de ensayos clínicos, monitor, mánager regional). También en centros públicos de investigación puede haber crecimiento profesional, aunque está más limitado: técnico de laboratorio, doctorando, gestor de laboratorio, posdoctorando, subinvestigador o investigador asociado, investigador principal.

Consejo 8: mantente activo en las redes

Las redes sociales han pasado a formar parte de nuestra manera de relacionarnos con los demás, tanto en el campo personal como en el profesional. A día de hoy, la red profesional por excelencia es LinkedIn, aunque hay profesionales que usan también otras redes como Instagram o Twitter (ahora X). LinkedIn permite, principalmente, a los usuarios crearse un perfil con su currículum y a las empresas otro para publicar ofertas de trabajo. Además, se pueden divulgar artículos relacionados con tu profesión, compartir enlaces, imágenes o seguir a grupos de profesionales, entre otras muchas cosas. Es muy importante que uno tenga un perfil bien completado en esta red, además de actualizarlo continuamente con nueva información relevante. De esta manera, tanto otros profesionales de tu campo como los encargados de las contrataciones de personal pueden ver tu currículum para estar al día de tus actividades profesionales y/o contactarte para ofrecerte un trabajo. Porque ahora muchas de las recomendaciones (*referrals*) se hacen a través de esta red profesional.

Consejo 9: pregunta a tus familiares y amigos

Tus padres, hermanos, tíos, primos y amigos más cercanos te pueden dar una visión desde fuera sobre tu personalidad. Si te conocen bien, pueden ser una fuente de información muy valiosa, especialmente para aquellas personas a las que les cuesta hacer una reflexión personal profunda sobre sus talentos y defectos. Ellos te pueden decir, hasta donde lleguen sus conocimientos sobre profesiones científicas y sanitarias, qué puestos de trabajo te verían desempeñando según tus gustos y aptitudes. Estos consejos deben ser reflexionados posteriormente por uno mismo, ya que, al igual que nosotros, nuestros familiares y amigos tienen sus propias valoraciones positivas y negativas hacia ciertos trabajos.

Consejo 10: asiste a eventos científicos y sociales

Otra de las maneras de conocer lo que te gusta y a otros profesionales de tu campo es asistiendo a congresos y charlas científicas de diferentes temas. También los eventos sociales en los que creas que puede haber personas que te puedan aportar ideas, contactos, información sobre trabajos, etc., son muy recomendables. Nunca se sabe de dónde te puede surgir un hilo del que tirar para encontrar información o un trabajo interesante.

Para ayudarte a concretar mejor todos estos puntos descritos, se ha creado una tabla (Anexo I), donde se proporcionan posibles respuestas a estas preguntas para facilitar la reflexión. La idea inicial es que empieces primero seleccionando aquellos perfiles que más te pueden encajar, haciendo un listado por orden de interés sobre los que más te llamen la atención, para que investigues más sobre ellos. Con cada una de las profesiones de la lista (si son muchas, solo de las primeras), puedes rellenar la tabla DAFO que se encuentra en el Anexo II, donde se han proporcionado diferentes preguntas para poder ayudar al lector a completarla. Esta tabla te podrá orientar si estás o no preparado para el puesto de trabajo y lo fácil o difícil que te va a resultar conseguirlo. Si fuera el caso que valoraras que no estás preparado (por ejemplo, se necesita más experiencia, un doctorado, etc.), tienes que pensar qué otros puestos de trabajo o estudios te pueden hacer conseguirlo. Por otro lado, no hay que olvidarse nunca del factor suerte, que es estar en el instante preciso y en el lugar adecuado y de repente surge algo inesperado. El factor suerte aumenta cuando uno está constantemente moviéndose y en busca activa de trabajo.

Por último, te animo a que busques a alguien con los perfiles que más te interesan en tu entorno o en LinkedIn y te pongas en contacto con ellos para saber más de la profesión. Quizá encuentres un mentor que te pueda guiar. También puedes indagar sobre empresas o centros de referencia que se dediquen al tema de tu interés y veas qué productos o actividades están desarrollando.

Preguntas de los estudiantes

Varios compañeros de *(Des)coordinando un ensayo clínico* y yo hemos realizado diferentes charlas a estudiantes de institutos, colegios, universidades y másteres sobre los ensayos clínicos y las salidas profesionales científicas y de la salud relacionadas con ellos. Al final de las charlas, nos han hecho muchas preguntas sobre el tema y además hemos podido resolver dudas sobre otras profesiones y las diferentes carreras universitarias y másteres relacionados con estos campos. Me ha parecido interesante añadirlas en este libro, ya que pueden ser las dudas de muchos otros lectores:

1. ¿Cuáles son las diferencias entre las carreras de Biología, Bioquímica, Biotecnología y Biomedicina?

Las cuatro carreras son bastante parecidas en cuanto a salidas profesionales, la principal diferencia son las asignaturas y las prácticas en el laboratorio que se imparten. Con la carrera de Biología, se estudiarán conceptos sobre fisiología vegetal y animal, biología molecular, geología, microbiología o genética y las prácticas están más orientadas al campo, al estudio de plantas y animales. La carrera de Bioquímica incluye asignaturas de química orgánica, biología molecular, enzimología, bioquímica y genética y las prácticas están más orientadas hacia la biología molecular e ingeniería genética de células y microorganismos. La carrera de Biotecnología consta de asignaturas sobre la ingeniería genética, biorreactores, microbiología, biotecnología de alimentos o gestión de empresas biotecnológicas. Las prácticas están enfocadas a la ingeniería de bioprocesos, producción de fármacos, alimentos, etc. La carrera de Biomedicina (o Ingeniería Biomédica) tiene asignaturas enfocadas a los aparatos médicos, de diagnóstico, nanotecnología, fisiología humana, biosensores, física y electromagnética y las prácticas de laboratorio serán sobre el diseño de aparatos de biomedicina o realizando visitas en diferentes departamentos de un hospital para conocer las máquinas y cómo se usan. Si ya sabes hacia dónde quieres enfocar tu carrera, elige en función de eso; pero si aún no lo sabes, es más conveniente elegir aquella que tenga asignaturas que más te vayan a gustar.

Es probable que en las carreras de Biotecnología y Biomedicina se ofrezcan visitas a diferentes empresas, pero esto no quita para que Biología y Bioquímica también las tengan. Esto dependerá de la universidad, de las empresas que haya alrededor y de la relación que la universidad tenga con ellas. Lo mismo ocurrirá si ofertan prácticas de empresa, por eso es clave elegir bien la carrera y la universidad donde se va a estudiar, ya que gracias a esto se puede tener una mayor exposición a diferentes disciplinas y sectores empresariales y empezar a tener contactos donde te interese. Esta información la podrás encontrar en el plan de estudios publicado en la página web de cada universidad.

2. ¿Qué carreras son las que mejor te preparan para la investigación [básica]?

Las carreras de Biología, Bioquímica y Química son las que tienen más teoría sobre la investigación y más prácticas en el laboratorio sobre reacciones químicas y biología molecular. Las carreras de Biotecnología, Biomedicina, Bioingeniería y Tecnología de los Alimentos están más enfocadas al desarrollo de productos (fármacos, alimentos, aparatos médicos, de diagnóstico, etc.), pero también tienen muchas prácticas de laboratorio y mucha teoría científica. Farmacia, Veterinaria, Nutrición y Dietética y algunas especialidades de la Medicina (Anatomía Patológica, Inmunología, Análisis Clínicos) están más enfocados al diagnóstico y tratamiento de enfermedades, pero se aprenden técnicas de biología molecular, bioquímica, genética, reacciones químicas, etc., y teoría sobre la biología y la bioquímica. Cualquiera de estas carreras te daría acceso tanto a puestos de investigación como de desarrollo en academia o industria.

Otras carreras como Ambientales, Geología, Paleontología, Ingeniería Forestal o Agrícola también realizan investigación básica sobre plantas o rocas, pero mucho de su trabajo es más de campo que de laboratorio.

☞ Ver el puesto de Investigador/Científico

3. ¿Con los estudios en Bioingeniería se podría investigar o solo están enfocados a nivel de empresas?

Con los estudios de Bioingeniería se puede acceder a un proyecto de investigación doctoral, ya que muchas veces las técnicas específicas que se van a utilizar en los experimentos del proyecto las vas a aprender en el propio laboratorio donde realices la tesis. Durante la carrera de bioingeniería también se aprenden técnicas de ingeniería genética de organismos y microorganismos, la técnica CRISPR (*Clustered Regularly Interspaced Short Palindromic Repeats*) para la edición genética, producción de fármacos, de lípidos y de otros compuestos biológicos a gran escala, etc., que te permiten hacer un doctorado tanto básico como más aplicado (traslacional). Es importante mirar bien el plan de estudios para ver qué técnicas se van a aprender en las prácticas de laboratorio. Una persona que estudie Bioingeniería tendrá acceso a puestos de investigador (tanto en la industria como en la academia), pero estará también muy preparado para trabajar como científico de desarrollo o ingeniero de procesos.

☞ Ver los puestos de Investigador/Científico; Científico de desarrollo; Ingeniero de bioprocesos, Científico de bioprocesos

4. ¿Es necesario hacer un doctorado o posdoctorado después de estudiar una carrera de ciencias?

La respuesta dependerá de a qué te quieres dedicar en el futuro y también si te gusta investigar. En este libro se ha explicado qué salidas profesionales podrían requerir un doctorado o posdoctorado, darte puntos para poder conseguir un trabajo o ayudarte a seguir escalando puestos de responsabilidad dentro de tu sector. Sería necesario principalmente para aquellos que quieren ser investigadores básicos o traslacionales, profesores de universidad, científicos de desarrollo, científicos de procesos, monitores médicos, MSL o algunos gestores de proyectos. El doctorado también podría ser una de las opciones si aún no tienes claro a lo que te quieres dedicar; en este caso es importante valorar si te gusta investigar, el proyecto en concreto y si quieres seguir perteneciendo al mundo académico después de la carrera. Lo mismo ocurre con el posdoctorado: si te gusta el proyecto y la experiencia que se adquiere durante ese tiempo entonces es una buena opción, pero si no te vas a querer dedicar a la investigación hay que valorar el coste de oportunidad de esta elección.

Es conveniente tener presente que el doctorado se puede realizar unos años más tarde de haber acabado la carrera universitaria; durante este tiempo puedes explorar diferentes trabajos para saber más a qué te gustaría dedicarte. Esto también te permitiría ganar tiempo para encontrar un proyecto de doctorado que te guste mucho para que así puedas disfrutar más de ello, ya que la investigación requiere largas horas de trabajo e incluso tener que trabajar los fines de semana. Por otro lado, se pueden realizar tesis doctorales de proyectos más traslacionales (aplicados a una disciplina en concreto) o de bioinformática, que se pueden llegar a compatibilizar con otro trabajo, sobre todo si tienen bastante en común. Yo, por ejemplo, realicé mi tesis doctoral sobre la inmunoterapia en cáncer de mama mientras trabajaba de coordinadora de ensayos clínicos en esta patología (entre otras) y con un fármaco de inmunoterapia.

5. ¿Cuándo es imprescindible hacer un máster?
El máster te va a dar una especialización que normalmente no se ofrece en la carrera universitaria o formación profesional, por lo que puede ser una buena opción para desmarcarse de otros candidatos a la hora de buscar trabajo. En algunas ofertas lo pondrán como requisito y en otras como deseable. También es posible adquirir la especialización entrando en prácticas o con un contrato de nivel básico en un laboratorio o departamento de la universidad, hospital o empresa, pero dependiendo del tipo de trabajo a veces esto no es posible o es muy difícil, especialmente si no se tienen contactos. En muchos casos, es necesario hacer un máster

en el que ofrecen prácticas o tienen una bolsa de trabajo y es la manera más sencilla (pero más costosa) de iniciarse en el puesto.

6. ¿Es posible ser investigador [básico] y vivir de ello?

En España, la carrera de investigador básico es dura y larga, ya que a día de hoy se ofertan pocas plazas predoctorales y posdoctorales, son en general de baja remuneración (salvo algunas excepciones) y, sobre todo, es necesario estar continuamente solicitando becas, ayudas y premios para mantener el contrato y tener financiación para los experimentos. Cuando se obtiene una plaza fija de investigador o de profesor, por lo general sigue siendo arduo el acceso a la financiación para los proyectos de financiación, pues hay que seguir enviando proyectos a diferentes convocatorias públicas y privadas para obtener financiación. Normalmente, cuando se llega a un estatus más conocido de investigador (publicaciones, patentes, presentaciones en congresos, colaboraciones, etc.) conseguir financiación comienza a ser más sencillo. Por otro lado, en algunos hospitales, universidades y centros de investigación de prestigio es más fácil desde un comienzo, ya que el centro tiene una red extensa de contactos, colaboraciones con entidades y empresas, donaciones privadas, etc., del que los diferentes investigadores principales, posdoctorales y doctorales se pueden beneficiar nada más empezar a trabajar en el centro.

En otros países la carrera de investigación es algo más sencilla, ya que el camino está más establecido con mejores contratos y más duraderos, tienen más financiación dedicada a la investigación y más puestos de trabajo fijos para investigadores. También hay más inversores y asumen más riesgos a la hora de financiar ideas, medicamentos o prototipos de los investigadores.

☞ Ver el puesto de Investigador/Científico

7. ¿Para trabajar como coordinador de ensayos, gestor de datos o investigador traslacional en el hospital necesitas tener el BIR?

Estos perfiles profesionales no necesitan obtener la plaza de BIR para poder trabajar, ya que los contrata la fundación privada de cada hospital. Las plazas se ofertan en la web de cada fundación. En la página de *(Des)coordinando un ensayo clínico* tenemos listadas todas las fundaciones de hospitales que hay en España, en el apartado de «¿Buscas trabajo?».

☞ Ver los puestos de Coordinador de ensayos clínicos; Gestor de datos/Gestor de entrada de datos; Investigador/Científico

8. ¿Para ser coordinador, qué carrera en ciencias es mejor?

A día de hoy, en las diferentes carreras universitarias de las ciencias naturales se enseña muy poco o nada sobre la investigación clínica en general y el rol del coordinador en particular. Por tanto, en cualquier carrera de ciencias aprenderás lo que es el método científico, que se puede aplicar a cualquier disciplina científica, incluyendo la medicina. Los másteres o cursos sobre ensayos clínicos son los que forman más extensamente sobre el papel del coordinador y otros profesionales sanitarios en la investigación clínica.

☞ Ver el puesto de Coordinador de ensayos clínicos

9. ¿Hay más de un coordinador por hospital?

Sí, suelen ser desde varios hasta decenas de coordinadores. Los hospitales más pequeños cuentan con menos ensayos clínicos y por tanto con menos coordinadores. Muchas veces estos realizan otras tareas como la de gestor de datos o enfermero de ensayos y se les suele denominar coordinador mixto. También en algunos casos realizan otras tareas de gestión económica y administrativa. Se intentan también agrupar por patología, pero esto es más difícil, ya que el número de ensayos en cada departamento y pacientes que incluyen es en general menor que en un hospital de tercer nivel.

En los hospitales de tercer nivel son donde más hay y se agrupan por patologías. Las tareas de los ensayos suelen estar más divididas, por lo que se cuenta con muchos gestores de datos y enfermeros de ensayos y los coordinadores hacen principalmente tareas de coordinación. En patologías con menos ensayos es probable que un coordinador lleve los de varios departamentos e incluso realice tareas propias de otros roles profesionales.

☞ Ver el puesto de Coordinador de ensayos clínicos

10. ¿Un coordinador puede luego pasar a ser CRA o viceversa?

Sí, lo más normal es que un coordinador pase a ser CRA por la estabilidad laboral y mejoras salariales de este puesto que al revés. Sin embargo, también hay personas que pasan de CRA a coordinador porque les gusta la profesión, para no viajar tanto o porque quieren hacer un doctorado, entre otras razones.

☞ Ver los puestos de Coordinador de ensayos clínicos; Monitor de ensayos clínicos, Asistente de ensayos clínicos

11. Con vistas a progresar como CRA, ¿aporta menos empezar como coordinador en un hospital privado o es mejor empezar en un hospital público?

En general los hospitales públicos tienen más trayectoria histórica en realizar ensayos clínicos y normalmente cuentan con un mayor número de ensayos y con más profesionales sanitarios trabajando en ellos. Sin embargo, hay hospitales públicos pequeños que han empezado hace unos años y tienen un número menor de ensayos que los de algunos hospitales privados. Por tanto, personalmente haría la distinción entre hospitales con muchos ensayos y hospitales con pocos ensayos en cuanto a la experiencia que se adquiere.

En un hospital con muchos ensayos, la estructura de circuitos suele estar más establecida y, por tanto, los diferentes profesionales estarán más especializados en unas pocas tareas, aunque siempre hay alguna que queda en zonas grises, especialmente ensayos más innovadores o con un protocolo más complejo. En estos hospitales habrá muchos profesionales trabajando con varios años de experiencia y, por tanto, podrás aprender mucho de ellos. En un hospital con pocos ensayos, el coordinador hará tareas más diversas, ya que hay menos personal trabajando en ellos. Estas tareas no son solo las que haría el gestor de datos, enfermero o farmacéutico de ensayos, sino también tareas de gestión económica, apertura de un ensayo (contratos, comité de ética), reuniones con otros departamentos para que colaboren en el ensayo, etc.

☞ Ver el puesto de Coordinador de ensayos clínicos

12. ¿Es necesario hacer un máster de Ensayos Clínicos para acceder a los diferentes puestos de trabajo relacionados con los ensayos?

En trabajos como el de CRA sí que suelen pedir haber realizado el máster de Ensayos Clínicos, pero también varios años de experiencia como coordinador de ensayos se valoran para poder acceder al puesto. Para el puesto de CTA, a veces también lo ponen como requisito, otras veces como deseable o simplemente piden experiencia en ensayos clínicos. Para el trabajo de gerente de ensayos clínicos, gestor del estudio o líder del estudio suelen pedir más bien muchos años de experiencia como CRA más que el máster de Ensayos Clínicos, aunque siempre es deseable que lo tengan. Para el puesto de coordinador, hay ofertas que listan el máster de ensayos como deseable y hay otras que piden los cursos de coordinador que imparten algunos hospitales del país como requisito para acceder a él. Para los gestores de datos no suelen pedir ningún requisito de máster, el curso de coordinadores es deseable. En la web de *(Des)coordinando un ensayo clínico* tenemos listados los diferentes cursos que se ofrecen en España relacionados con los ensayos clínicos, en el apartado Info Interés → listado formación de EECC.

☞ Ver los puestos de Coordinador de ensayos clínicos; Monitor de ensayos clínicos, Asistente de ensayos clínicos; Gerente de ensayos clínicos, Gestor del estudio, Líder del estudio

13. ¿Para trabajar como MSL se necesita tener un doctorado?

La mayoría de los puestos ofertados lo piden, pero es posible acceder a ellos sin él, normalmente cuando se tiene mucha experiencia en la industria farmacéutica en otros puestos. También hay másteres que te preparan para el puesto y puede que no requieran que tengas un doctorado.

☞ Ver el puesto de Gerente de asuntos médicos/Enlace de ciencias médicas

14. ¿Para ser investigador traslacional o gerente de medicina de precisión es necesario estudiar Medicina?

Para ser investigador traslacional o gerente de medicina de precisión no es necesario estudiar Medicina, se puede acceder a estos puestos con una carrera de ciencias y con la realización de un doctorado.

☞ Ver los puestos de Investigador/Científico; Gerente de medicina personalizada/Gerente de medicina de precisión

15. Si estudio Farmacia, además de poner una farmacia a pie de calle, ¿a qué me puedo dedicar en un hospital o trabajando en investigación?

En los hospitales existe la farmacia del hospital, que dependiendo del tamaño del hospital podría llegar a tener varias farmacias, cada una especializada en diferentes funciones. Aquí se dispensan medicamentos para pacientes ingresados o pacientes que los van a recibir dentro del hospital (hospitales de día). Se encargan de hacer pedidos, almacenar los medicamentos, validar las recetas médicas, dispensar y preparar aquellos que necesiten ser reconstituidos. También se dispensan medicamentos que no se venden en las farmacias a pie de calle directamente a los pacientes, que normalmente son para enfermedades muy graves, como el alzhéimer o el SIDA. Otros países como Estados Unidos funcionan diferente y estos medicamentos se venden en las farmacias a pie de calle.

Estudiando Farmacia también te puedes dedicar a la investigación en una empresa, en la universidad o en un hospital. En un hospital, si se trabaja en la farmacia asistencial, farmacia de ensayos clínicos o como coordinador de ensayos clínicos, se harán investigaciones más clínicas junto con médicos, otros profesionales sanitarios e investigadores. Si se es contratado como investigador, se hará investigación más básica o traslacional en el laboratorio.

☞ Ver el puesto de Farmacéutico

Carta a los lectores

Queridos lectores:

Espero que, al finalizar el libro, este haya sido de tu agrado, te haya resuelto las dudas que tenías antes de su lectura y te haya ayudado a identificar puestos de trabajo que te puedan interesar. Habrás comprobado también que, aparte de la preparación académica, experiencia laboral, etc., hay un común denominador en la mayoría de las ocupaciones laborales, que son las llamadas *soft skills* (habilidades blandas): desarrollar la empatía, el buen hacer, colaborar, la capacidad de escucha o ser buen comunicador o resolutivo, entre otras. Esto es necesario con el fin de aunar fuerzas para que los equipos de trabajo, muchos de ellos multidisciplinares, se enriquezcan con la aportación específica y rigurosa de cada uno de sus miembros.

Sabemos que estáis en un momento crucial de vuestras vidas, os enfrentáis a la importante decisión de elegir qué estudios realizar o qué carrera profesional seguir. Es natural sentirse abrumados por la amplia variedad de opciones disponibles y preocuparse por tomar la decisión equivocada. Sin embargo, os queremos recordar que la vida es un camino de luces y sombras, de experiencias enriquecedoras y desafíos que nos ayudan a crecer y aprender.

Elegir una carrera, grado profesional o unos estudios específicos es una decisión significativa, pero no es una sentencia permanente. A lo largo de vuestras vidas, vais a tener la oportunidad de explorar diferentes caminos y aprender de cada experiencia. No tengáis miedo de equivocaros; los errores son ocasiones para aprender y crecer. Incluso si comenzáis una carrera y luego descubrís que no es la adecuada para vosotros, siempre se puede ajustar el rumbo y buscar nuevas oportunidades.

Lo mismo ocurre cuando se inicia la carrera profesional, es posible que se realicen varios trabajos antes de encontrar aquel que os guste más. También puede que estéis varios años realizando una carrera y después querráis hacer un cambio profesional para probar otros trabajos y tener nuevos retos.

La pasión por las ciencias de la naturaleza y de la salud es un regalo valioso y existe una amplia gama de profesiones que pueden alinearse con vuestros intereses. Procurad dedicar un tiempo a explorar vuestras pasiones, investigar las opciones disponibles y buscar consejos de profesionales y mentores en el campo. Hablad con personas que estén estudiando o trabajando en las áreas que más os interesan; esto os ayudará a obtener una visión más clara de lo que implica cada camino que queráis escoger.

En última instancia, lo más importante es que sigáis adelante con confianza y sin miedo. La vida está llena de oportunidades y aventuras esperando a ser descubiertas. No importan los estudios que elijáis, lo que realmente importa es vuestra pasión, compromiso y deseo de aprender y crecer. Así que adelante, jóvenes, el mundo está lleno de posibilidades esperando a que las exploren. ¡El futuro os pertenece!

Con todo nuestro apoyo,

Cienciagramers

ANEXO I

Preguntas y posibles respuestas para concretar el puesto de trabajo que os podría interesar.

Qué me gustaría	Qué NO me gustaría
¿En qué continentes, países y ciudades me gustaría trabajar?	**¿En qué continentes, países o ciudades NO me gustaría trabajar?**

Posibles respuestas:
- América, Europa, Asia, etc.
- En mi país.
- Ciudades grandes, pequeñas, pueblos, aislado en una zona.
- Ciudades con mar, montaña, lago, desierto, selva.
- En mi ciudad de origen o cerca de ella.
- En un lugar donde hablen mi idioma.
- En sitios diferentes (cambiarse de casa cada cierto tiempo).
- Me es indiferente.

¿En qué tema o temas me gustaría trabajar?	¿En qué tema o temas NO me gustaría trabajar?

Posibles respuestas:
- Ser humano: tratamiento de enfermedades, biología de las enfermedades, evolución humana, descubrimiento de tratamientos, ensayos clínicos, aparatos médicos, diagnóstico, cosméticos, medicina forense, epidemiología.
- Plantas, animales, virología, microbiología, medioambiente.
- Suplementos alimenticios y dietéticos, bebidas, alimentación, tejidos, productos de limpieza.

¿Cómo y dónde quiero trabajar?	¿Cómo y dónde NO quiero trabajar?

Posibles respuestas:
1. Por cuenta ajena: industria, academia, Gobierno, organización internacional, asociaciones de pacientes
   - Industria:
     - Tipo de industria: farmacéutica, alimentaria, aparatos médicos, aparatos de diagnóstico, cosmética, alimentos, suplementos y vitaminas, bebidas, productos de laboratorio, productos de limpieza, tintes y tejidos, pinturas, ortopedia, editorial, sistemas de salud digital.
     - Empresa nacional o internacional.
     - Empresa pequeña, mediana o grande.
   - Centro académico:
     - Tipo de centro académico: hospital, universidad, centro de investigación, colegio, instituto, banco de sangre.
     - Público o privado.
   - Gobierno/comunidad autónoma/municipio:
     - Centro del Gobierno: regulación de medicamentos, regulación de alimentos, Ministerio de Sanidad, Ministerio de Educación, oficina de patentes, policía nacional científica.
     - Qué gobierno, comunidad o municipio en concreto.
   - Organización internacional: ONU, OMS, Banco Mundial.
2. Por cuenta propia: qué empresa quiero crear
   - *Freelancer* o crear una propia empresa.
   - Trabajar desde casa o tener un centro de trabajo.

¿Qué actividades diarias me gustaría hacer en el trabajo?	¿Qué actividades diarias NO me gustaría hacer en el trabajo?

Posibles respuestas:
Investigar, hacer experimentos en el laboratorio, curar a pacientes o animales, viajar, trabajar solo con el ordenador, estar de pie la mayoría del tiempo, trabajar con animales, con plantas, estar al aire libre, estar en un sitio cerrado, escribir, analizar, comunicar, enseñar, hacer reportajes gráficos, dibujar, emprender, etc.

¿Con qué personas y de qué manera quiero trabajar?	¿Con qué personas y de qué manera NO quiero trabajar?

Posibles respuestas:
- Pacientes con problemas físicos, con problemas psiquiátricos, discapacitados, alumnos, mujeres, hombres, niños, jóvenes, bebés, ancianos.
- Trabajar de cara al público, hacia una audiencia, en grupo, con un equipo cerrado, con una persona cada vez, solo.

¿Qué se me da bien?	¿Qué NO se me da bien?

Posibles respuestas:
Comunicar, escribir, analizar, enseñar, ser organizado, hablar en público, hablar en otros idiomas, razonar, convencer, investigar, tener empatía, organizar, vender, diseñar, hacer *coaching*, ayudar, liderar, gestionar proyectos, auditar/revisar, trabajar en equipo, innovar, crear, etc.

¿Qué profesiones conozco que me gustan?	¿Qué profesiones conozco que NO me gustan?

Profesiones que ya conoces.

¿Qué sacrificios estoy dispuesto/a a hacer?	¿Qué sacrificios NO estoy dispuesto/a a hacer?

Posibles respuestas:
Vivir en el extranjero, estar lejos de mi familia y mis amigos, trabajar en otro idioma, estudiar oposiciones, estudiar un máster, estar viajando constantemente/no poder viajar, trabajar largas jornadas, hacer guardias nocturnas, trabajar los fines de semana, no poder tener grandes aumentos de salario, no poder crecer tanto en responsabilidad, tener que pedir ayudas económicas constantemente, tener que aguantar mucha presión, ver a personas morir, trabajar con personas fallecidas, trabajar en sitios con menos higiene (por ejemplo, jaulas de animales).

¿A qué salario y responsabilidades aspiro?	¿Cuál es el mínimo salario y responsabilidad por debajo de los cuales NO trabajaría?

Posibles respuestas:
- Auxiliar, técnico, asistente, asociado, oficial.
- Especialista, experto.
- Mánager, supervisor, director, director asociado, principal/responsable.
- Vicepresidente, presidente, presidente ejecutivo.
- Adjunto, coordinador de grupo, jefe de servicio.
- Rango salarial bruto al año, salario al mes, tarifa por hora, tarifa por servicio.

¿En qué profesiones mis familiares o amigos me dicen que me ven trabajando?	¿En qué profesiones mis familiares o amigos NO me dicen que me ven trabajando?

Si aún no te lo han dicho, ¡pregúntaselo!

ANEXO II

Esquema DAFO (Debilidades, Amenazas, Fortalezas, Oportunidades)

DEBILIDADES – Análisis interno desventajoso

- ¿Qué cualidades tengo que más me alejan del puesto?
- ¿Tengo la experiencia necesaria para el puesto que me interesa?
- ¿Qué podría mejorar mientras encuentro el trabajo?
- ¿Necesito realizar más formación para el puesto que me interesa?

AMENAZAS – Análisis externo desfavorable

- ¿Qué aspectos externos me dificultarán llegar al puesto de trabajo?
- ¿Qué problemas externos en mi sector me dificultan conseguir mis metas?
- ¿Hay mucha competencia en el sector?
- ¿Qué futuro tiene el sector en el que estoy interesado?

FORTALEZAS – Análisis interno beneficioso

- ¿Cuáles son mis mejores talentos?
- ¿Qué tareas hago mejor que los demás?
- ¿Qué actividades son las que más me apasionan?
- ¿Conozco a profesionales del sector que me puedan referir?

OPORTUNIDADES – Análisis externo favorable

- ¿Qué aspectos externos pueden facilitarme conseguir mis objetivos?
- ¿Puedo ofrecer algo positivo en el sector?
- ¿Hay muchas ofertas de trabajo para el puesto que me interesa?
- ¿Hacen ferias de trabajo relacionadas con el puesto?

	POSITIVO	NEGATIVO
	FORTALEZAS	DEBILIDADES
INTERNO		
	OPORTUNIDADES	AMENAZAS
EXTERNO		

Páginas visitadas

AGENCIA ESPAÑOLA DEL MEDICAMENTO Y PRODUCTO SANITARIO (AEMPS). [Disponible en: https://www.aemps.gob.es/].

ALMAGRO, Lucía (s. f.). *Los 15 mejores documentales de ciencia (y dónde verlos)*. MédicoPlus. [Disponible en: https://medicoplus.com/ciencia/mejores-documentales-ciencia].

BARCELONA ACTIVA. [Disponible en: https://www.barcelonactiva.cat/].

BIOBIR. [Disponible en: https://biobir.es/bir/].

BIOCAT. [Disponible en: https://www.biocat.cat/es].

BIOEMPRENDER. [Disponible en: https://bioemprender.com/].

CANO, Jesús (2022). *Los mejores paisajistas del mundo*. Elle Decor. [Disponible en: https://www.elledecor.com/es/decoracion/a27611710/mejores-paisajistas-mundo-jardines-decoracion/].

CARRERAS CIENTÍFICAS ALTERNATIVAS. [Disponible en: https://carrerascientificasalternativas.com/].

(DES)COORDINANDO UN ENSAYO CLÍNICO. [Disponible: en https://descoordinador.wixsite.com/descoordinando].

EDUCAWEB. *Diccionario de profesiones*. [Disponible en: https://www. educaweb.com/profesiones/].

EUROINNOVA. *Carreras universitarias*. [Disponible en: https://www. euroinnova.edu.es/carreras-universitarias].

EUROPEAN MEDICINES AGENCY (EMA). [Disponible en: https:// www.ema.europa.eu/en].

FOOD AND DRUG ADMINISTRATION (FDA). [Disponible en: https:// www.fda.gov/].

ILLUSTRACIENCIA. [Disponible en: https://illustraciencia.info/].

INDEED. *Cómo encontrar empleo*. [Disponible en: https://www.indeed. com/orientacion-profesional/como-encontrar-empleo].

LIBERTAD CON CIENCIA. [Disponible en: https://libertadconciencia.com/].

MICROPIA. [Disponible en: https://www.micropia.nl/en/].

MÚSICA EN VENA. [Disponible en: https://musicaenvena.org/].

NORUEGA EN ARGENTINA. REAL EMBAJADA DE NORUEGA EN ARGENTINA (2020). *El banco de semillas del mundo en Noruega*. [Disponible en: https://www.norway.no/es/argentina/Noruega-X/ noticias-eventos/el-banco-de-semillas-del-mundo-en-noruega/].

PHARMAVOLUTION. [Disponible en: https://www.pharmavolution. com/].

PMFARMA. [Disponible en: https://www.pmfarma.com/].

PREGO, Carlos (2021). *Las ilustradoras que convirtieron la ciencia en arte*. Hipertextual. [Disponible en: https://hipertextual. com/2018/05/ciencia-arte-ilustracion-cientifica-mujeres].

SIMBIOTIA. [Disponible en: https://www.simbiotia.com/].

UNIVERSIA. [Disponible en: https://www.universia.net/].

Acrónimos

ADN	Ácido Desoxirribonucleico
AE	*Adverse Event* o Efecto Adverso
AEMET	Agencia Estatal de Meteorología
AEMPS	Agencia Española de Medicamentos y Productos Sanitarios
AESAN	Agencia Española de Seguridad Alimentaria y Nutrición
AESI	*Adverse Event of Special Interest* o Efecto Adverso de Interés Especial
APA	*American Psychological Association* o Asociación Americana de Psicología
APD	*Automated Peritoneal Dialysis* o Diálisis Peritoneal Automatizada
API	*Active Pharmaceutical Ingredient* o Principios Activos Farmacéuticos
ARN	Ácido Ribonucleico
ARO	*Academic Research Organization* u Organización de Investigación Académica

ATC	*Anatomical Therapeutic Chemical* o Anatómico, Terapéutico, Químico
BIR	Biólogo Interno Residente
BPC	Buenas Prácticas Clínicas
BPD	Buenas Prácticas de Distribución
BPL	Buenas Prácticas de Laboratorio
BPP	Buenas Prácticas de Publicación
BRCA1/2	*Breast Cancer Genes 1/2* o Genes del Cáncer de Mama 1/2
CAPA	*Corrective And Preventive Action* o Acciones Correctivas y Preventivas
CAR-T cells	*Chimeric Antigen Receptor T cells* o Células T con Receptores Quiméricos para Antígenos
CDC	*Centers for Disease Control and Prevention* o Centros para el Control y la Prevención de Enfermedades
CHO cells	*Chinese Hamster Ovary cells* o Células de Ovario de Hámster Chino
CLIA-certified	*Clinical Laboratory Improvement Amendments* o Laboratorio Clínico Certificado
CNAG	Centro Nacional de Análisis Genómico
CNIO	Centro Nacional de Investigación Oncológica
CNE	Centro Nacional de Epidemiología
COA	*Clinical Outcome Assessment* o Evaluación de Resultados Clínicos
CPNP	*Cosmetic Products Notification Portal* o Portal de Notificación de Productos Cosméticos
CRA	*Clinical Research Associate* o Monitor de Ensayos Clínicos

CRC	*Clinical Research Coordinator* o Coordinador de Ensayos Clínicos
CRF	*Case Report Form* o Cuaderno de Recogida de Datos
CRISPR	*Clustered Regularly Interspaced Short Palindromic Repeats* o Repeticiones Palindrómicas Cortas Agrupadas y Regularmente Espaciadas
CRN	*Clinical Research Nurse* o Enfermero de Investigación
CRO	*Clinical Research Organization* u Organización de Investigación Clínica
CRM	*Clinical Research Manager* o Gerente de Investigación Clínica
CSR	*Clinical Study Report* o Informe del Estudio Clínico
CTA	*Clinical Trial Assistant* o Asistente de Ensayos Clínicos
CTCAE	*Common Terminology Criteria for Adverse Events* o Criterios de Terminología Común para Efectos Adversos
CTMS	*Clinical Trial Management System* o Sistema de Gestión de Ensayos Clínicos
CTM	*Clinical Trial Manager* o Gestor del Estudio
CTL	*Clinical Trial Lead* o Gestor del Estudio
DAFO	Debilidades, Amenazas, Fortalezas y Oportunidades
DE	*Data Entry* o Gestor de Entrada de Datos
DM	*Data Manager* o Gestor de Datos
DMF	*Drug Master File*
DPYD	*Dihydropyrimidine Dehydrogenase* o Dihidropirimidina Deshidrogenasa
DSUR	*Development Safety Update Report* o Informe Anual de Seguridad de Desarrollo

ECG	Electrocardiograma
ECMO	*Extracorporeal Membrane Oxygenation* u Oxigenación por Membrana Extracorpórea
EECC	Ensayos Clínicos
EFSA	*European Food Safety Authority* o Autoridad Europea de Seguridad Alimentaria
EMA	*European Medicines Agency* o Agencia Europea de Medicamentos
EUIPO	*European Union Intellectual Property Office* u Oficina de Propiedad Intelectual de la Unión Europea
ESR/ISR	*Externally/Investigator Sponsored Research* o Investigación Patrocinada Externamente/a Investigadores
FDA	*Food and Drug Administration* o Administración de Alimentos y Medicamentos
FIR	Farmacéutico Interno Residente
FIV	Fecundación *In Vitro*
GCP	*Good Clinical Practice* o Buenas Prácticas Clínicas
GDP	*Good Distribution Practice* o Buenas Prácticas de Distribución
GenAI	*Generative Artificial Intelligence* o Inteligencia Artificial Generativa
GLP	*Good Laboratory Practice* o Buenas Prácticas de Laboratorio
GMP	*Good Manufacturing Practice* o Normas de Correcta Fabricación
GPP	*Good Publication Practice* o Buenas Prácticas de Publicación
GSEA	*Gene Set Enrichment Analysis* o Análisis de Enriquecimiento Funcional de Genes

HEOR	*Health Economics and Outcomes Research* o Investigación sobre Economía y Resultados de la Salud
IB	*Investigator Brochure* o Manual del Investigador
ICMJE	*International Committee of Medical Journal Editors* o Comité Internacional de Editores de Revistas Médicas
ICSI	*Intracytoplasmic Sperm Injection* o Inyección Intracitoplasmática de Espermatozoides
IDE	*Investigational Device Exemption* o Exención de Dispositivos de Investigación
IDMC	*Independent Data Monitoring Committee* o Comité Independiente de Monitoreo de Datos
I+D	Investigación y Desarrollo
IIT/IIS	*Investigator Initiated Trial/Study* o Ensayos/Estudios Promovidos por Investigadores
ISO	*International Organization for Standardization* u Organización Internacional de Normalización o Estandarización
IVDR	*In Vitro Diagnostic Regulation* o Regulación de las Pruebas de Diagnóstico *In Vitro*
IVF	*In Vitro Fertilization* o Fecundación *In Vitro*
IWRS	*Interactive Web Response System* o Sistema de Respuesta Web Interactivo
KAM	*Key Account Manager* o Gestor de Cuentas Clave
KEE	*Key External Experts* o Expertos Externos Clave
KEGG	*Kyoto Encyclopedia of Genes and Genomes* o Enciclopedia de Genes y Genomas de Kioto
KOL	*Key Opinion Leaders* o Líderes de Opinión Clave
LC-MS	*Liquid Chromatography–Mass Spectrometry* o Cromatografía Líquida– Espectrometría de Masas

MBA	*Master in Business Administration* o Máster en Administración y Dirección de Empresas
MedDRA	*Medical Dictionary for Regulatory Activities* o Diccionario Médico para Actividades Reguladoras
MIR	Médico Interno Residente
MSL	*Medical Science Liaison* o Enlace de Ciencias Médicas
NBE	*New Biological Entity* o Nueva Entidad Biológica
NCE	*New Chemical Entity* o Nueva Entidad Química
NCF	Normas de Correcta Fabricación
NGS	*Next Generation Sequencing* o Secuenciación de Nueva Generación
NICE	*National Institute for Health and Clinical Excellence* o Instituto Nacional de Salud y Excelencia Clínica
NLP	*Natural Lenguage Processing* o Procesamiento de Lenguaje Natural
OEPM	Oficina Española de Patentes y Marcas
OMS	Organización Mundial de la Salud
ONU	Organización de las Naciones Unidas
OTC	*Over the Counter* o Sin Receta
PA	*Physician Assistant/Associate* o Ayudante/Asistente del Médico
PADES	Programa de Atención Domiciliaria y Equipos de Apoyo
PDA	*Personal Digital Assistant* o Asistente Personal Digital
PIR	Psicólogo Interno Residente
PMP	*Project Management Professional* o Profesional en Dirección de Proyectos

PNL	Programación Neurolingüística
PNT	Procedimientos Normalizados de Trabajo
PRO	*Patient Reported Outcome* o Resultados Comunicados por el Paciente
PSUR	*Periodic Safety Update Report* o Informe Periódico Actualizado de Seguridad
PT	*Preferred Term* o Término Principal
QA	*Quality Assurance* o Garantía de Calidad
QC	*Quality Control* o Control de Calidad
QIR	Químico Interno Residente
RA	*Research Associate* o Técnico de laboratorio
RFIR	Radiofísico Interno Residente
RWD	*Real World Data* o Datos del Mundo Real
RWE	*Real World Evidence* o Evidencia del Mundo Real
SAE	*Serious Adverse Event* o Efectos Adversos Serios
SAP	*Statistical Analysis Plan* o Plan de Análisis Estadístico
SC	*Study Coordinator* o Coordinador de Ensayos Clínicos
SIDA	Síndrome de Inmunodeficiencia Adquirida
SN	*Study Nurse* o Enfermero de Investigación
SOP	*Standard Operating Procedures* o Procedimientos Normalizados de Trabajo
SUSARs	*Suspected Unexpected Serious Adverse Reaction* o Sospecha de Reacciones Adversas Serias Inesperadas
TAC	Tomografía Axial Computarizada
TFL	*Tables, Figures and Listings* o Tablas, Figuras y Listados

TIL	*Tumor Infiltrating Lymphocytes* o Linfocitos Infiltrantes del Tumor
TMF	*Trial Master File* o Archivo del Investigador
WHO	*World Health Organization* u Organización Mundial de la Salud
WIPO	*World Intellectual Property Organization* u Organización Mundial de la Propiedad Intelectual